식문화 · 음식에 대한 다양한 스타일 제안

테이블&
푸드스타일링

이순희 · 김덕희 공저

Table &
Food
Styling

백산출판사

머리말

　식탁은 우리 삶에서 중요한 부분을 차지한다. 먼저 물리적·정신적 영양 공급의 장소이다. 배고픔을 채우고 하루를 준비하는 영양을 공급받을 수 있을 뿐만 아니라, 가족 또는 친구들이 한 자리에 모여 소통하는 기회가 되기도 한다. '밥상머리 교육'이란 말도 커뮤니케이션 기능으로써 식공간의 중요성을 보여주는 말이다. 더 나아가 보릿고개를 두려워하던 예전과 달리 경제적·문화적으로 발전하면서 이제는 식탁이 우리의 시각적 욕구와 감성을 채워주는 공간으로 거듭나고 있다. 예를 들면, 가족이나 회사에서 기념일이나 축하할 자리가 생기면 우리는 의례 분위기가 좋은 식당이 어딘지 찾아본다. 여기서 말한 분위기는 그 레스토랑의 공간적인 인테리어, 조명, 음악에서 시작해서 음식의 맛, 테이블 세팅의 아름다움을 말하는 것이다.

　이 모든 것을 포함하는 테이블 세팅과 푸드 스타일링은 하나의 예술이라 할 수 있다. 지금까지 6대 예술이라 하면, 문학, 조각, 음악, 연극, 그림, 건축을 이르는 것이었지만, 시대의 변화에 따라 이제는 10대 예술이라 하여 사진, 영화, 요리, 패션을 포함하여 이른다. 테이블 세팅과 푸드 스타일링은 방의 한 공간을 차지하는 부분으로 벽, 식공간, 그림, 예술품 등 인테리어 소품, 빛, 음악, 요리의 조화가 가장 중요한 공간종합예술이라는 측면이 강하다.

　또한 사회적 흐름으로 볼 때, 21세기는 여성들의 지위상승과 사회진출이 활발해지면서 자아를 인식하고 발전시키는 욕구가 증가되었고, 코디네이션을 통한 개성 표현의 기회를 갖고자 하는 사람들이 많아지고 있는 추세이다. 실제로 식공간 창조의 분야에서 많은 여성들이 개척해 나가고 있다. 이 책을 통해서 식탁에서의 아름다움을 찾는 기회가 되고, 또한 자신의 미래를 찾을 수 있는 계기가 되길 바란다.

이 책을 만들면서 식문화, 음식에 대한 여러 이론 뿐만 아니라, 다양한 실제를 전달하고자 힘썼으며 부족하지만 많은 분들에게 도움이 되었으면 합니다.

저자 씀

차례

제3장　디자인과 컬러 코디네이션

제4장　동양의 식공간

제1장 테이블 코디네이트의 개요

제1장 테이블 코디네이트의 개요

1. 테이블 코디네이트란

테이블 코디네이트(테이블 코디네이션)란 무엇일까. 테이블 코디네이션이라고 하는 단어는 일본에서 만들어낸 단어이기 때문에, 영어로는 테이블 데코레이션(table decoration)이 된다. 테이블 코디네이트란 단순히 식탁연출을 의미하지만 여기에 국한하지 않고 사람들이 함께 이야기를 나누며 서로간의 교류를 통한 장소를 만들어 나갈 수 있도록 하는 것이 그 목적이라 할 수 있다.

테이블 코디네이트라는 것은 맛있는 것을 더욱더 맛있게 먹기 위한 식공간(食空間)연출이다. 다시 말해 요리와 함께 그릇, 꽃, 테이블클로스에서 음악, 조명등 식공간에 이르는 중요한 요소들이 어울려 총체적인 오감(시각, 미각, 후각, 촉각, 청각)에 영향을 미치는 공간을 창조하는 것이다. 그것을 위해서는 요리는 물론 식탁 위의 모든 것, 방의 인테리어, 빛이나 바람의 흐름, 음향, 조명, 기온이나 습도 등 모든 것을 고려하여, 공간 전체의 구도와 조화를 이루는 것이다.

그러나 테이블 코디네이트의 가장 중요한 본질은 어디까지나 사람이 중심이 되는 것이다. 아무리 멋진 식탁연출이라고 하여도 표현만을 목적으로 하는 테이블 코디네이트는 많은 사람들에게 공감을 줄 수 없는, 단지 하나의 그림으로서만 감상하게 되는 식탁에 머무르고 말 것이다.

즉 테이블 코디네이트에 의한 사람들과의 커뮤니케이션이 활발해지고, 서로의 이해가 깊어지며, 자신을 재발견하는 촉매로서의 기능을 맺도록 하는 것이다. 그러므로 테이블 코디네이터는 소재를 코디네이트 하는 것뿐만 아니라, 공간과 사람을 연결하는 코디네이터가 되도록 노력해야 하며, 그렇게 하기 위해서는 여러 가지 소재에 관한 지식을 쌓는 것과 동시에 코디네이터 자신을 돌아보고 연마하는 자세 또한 중요하다.

현재, 테이블 코디네이트와 테이블 세팅(table setting)은 동의어로 사용되고 있지만, 테이블 코디네이트는 식공간 연출이기 때문에 공간을 구축하지 않으면 안된다. 주택의 건축을 예로 들면, 우선 기획을 하고 그 다음 설계를 한다. 그리고 그 계획에 따라서 구체적으로 시공하면 처음으로 공간이 만들어진다. 이 기획과 설계의 부분을 코디네이트, 시공의 부분을 세팅이라고 생각하면 이해하기 쉬울 것이다.

테이블 코디네이트는 식공간의 여러 가지 것들을 적절히 배치하는 것이기 때문에 테이블 위의 색을 사용해 컬러 코디네이트를 하면서 세팅하는 것을 말한다. 이러한 테이블 코디네이트는 호텔이나 레스토랑, 즉 외식산업에서도 기본적으로 필요하며, 가정 안에서의 테이블, 매일매일의 아침, 점심, 저녁의 식사부터 시작해 손님의 접대나 파티 테이블까지의 모든 것을 통합한 것이다. 외식산업에서의 범위를 보면 훨씬 넓겠지만, 최근 핵가족화가 되면서 가정 내 대화 유도를 위해 가정에서의 테이블 코디네이트의 중요성도 대두되고 있다. 가정에서의 테이블 코디네이트는 격식있는 테이블 세팅은 거의 없다고 볼 수 있다. 격식을 차려서 세팅하는 것을 포멀 스타일(Formal)이라고 하는데, 포멀이라 하는 것은 런천(Lunchen, 런치보다 격식을 차린 정식의 점심, 접대 등의 오찬)이나 디너라고 해도 복장부터 예의를 차려 입은 복장으로 불리지 않으면 안 되고, 맞이하는 측도 예의를 갖춰 입은 복장으로 맞이한다.

테이블 코디네이트는 테이블 위의 예술이라고 볼 수 있는데, 여러 가지 테이블 구성요소들을 이용하여 컬러의 조합을 통해 음식을 맛있게 보이게 하고 손님들을 감동시키는 것이라 볼 수 있다. 테이블 위의 아름다움은 손님으로 하여금 감동과 벅찬 기쁨, 놀라움을 안겨 줄 수 있다.

2. 테이블 코디네이트의 구성요소

사람과 TPO
Person   : 사람
Time   : 시간
Place   : 장소
Occasion : 목적

테이블 코디네이트에서 가장 기본적으로 생각해야 할 사항이 사람과 TPO이다. 사람을 중심으로 하는 시간, 장소, 목적이라는 기본 개념 아래에서 생각해본다.

식탁에 앉게 되는 사람들의 연령대와 성별, 지역에 따라 기호가 다르므로 상대방에 대한 정보가 필요하다. 젊은 사람들은 밝고 캐주얼하고 자유스러운 분위기를 좋아하는 반면, 나이가 많은 경우에는 차분하면서 편안한 느낌의 안정된 분위기를 선호한다.

그리고 식탁에 앉는 사람들의 관계에 의한 서열 및 직위 등에 의하여 앉는 위치가 정해지므로 좌석을 배치하는 경우에는 상석과 하석의 구분이 필요하고, 신혼부부인 경우에는 같이 앉게 되는 예외도 있으므로 이를 주의해야 한다.

또한 하루 중에서 언제 이루어지는 모임이냐에 따라 테이블 코디네이트의 성격이 결정된다. 아침식사인 경우에는 간단한 음식과 단순한 꽃장식, 점심이라면 보통의 음식과 함께 너무 긴장되지 않는 상차림, 저녁이라면 음식이 중심이 되는 격식있는 모임이 될 것이다.

식사하는 장소에 따른 분위기 연출은 식당이나 안방, 리빙 룸, 야외와 같은 환경에 따라 식탁의 형태와 크기, 높이 등이 달라진다.

사람은 살기 위하여 먹는다고 하는 것처럼 매일매일의 활동에는 필요한 만큼의 에너지가 필요한 것이다. 이렇게 에너지를 보충하는 의미에서의 식사가 중심이지만, 경우에 따라서는 생일이나 결혼기념일, 합격을 축하하는 의미에서의 목적에 적합한 분위기의 연출이 필요하다. 여유 있는 시간을 갖고 천천히 이야기를 나누며 충분한 식사시간을 갖고 싶을 때에는 편안한 좌석이 어울리고, 많은 사람들이 참석하여 장소와 서비스 인력이 충분하지 못할 경우에는 셀프 서비스 형식의 뷔페가 어울린다.

그러므로 식사 시간대와 장소, 목적에 따라서 모든 것이 달라지게 된다. 즉 음식과 비용, 장소 등이 달라지는 것이다.

3. 식공간의 크기

1) 개인 식공간(Personal Space)

식사할 때는 적절한 공간의 확보로 쾌적하고 편안한 식사시간이 될 수 있도록 해야 한다. 여기에는 한 사람의 어깨폭 넓이인 45cm의 공간에 전체 식사 도구를 배치하도록 한다. 따라서 개인공간은 45×35cm(가로×세로)의 크기가 기본이 된다. 옆사람과의 간격은 약 15cm 정도 확보하면 식사하면서 부딪치는 것을 방지할 수 있다.

2) 공유 식공간(Public Space)

식탁에서 여러 사람이 함께 식사할 때 움직이는 활동 범위와 집기 등의 동작 치수에 따른 적절한 공간의 계획이 필요하다. 이 공간의 영역을 고려하여 수평 형태의 넓이는 팔꿈치의 움직임을 포함하여 60cm 정도가 좋으며, 세로 길이는 45cm이며, 식기를 세팅할 때 최적의 넓이는 가로 45cm, 세로 35cm가 이상적이다.

제2장 테이블 코디네이트의 기본 요소

제2장 테이블 코디네이트의 기본 요소

1. 디너웨어(dinnerware)

디너웨어는 메뉴가 정해진 다음 각 코스별 메뉴와 컨셉에 맞게 선택되어지는 것으로, 종류는 경쾌한 것에서부터 색다른 분위기를 연출할 수 있는 것에 이르기까지 매우 다양하며, 테이블 코디네이트 시에 중요한 역할을 한다.

1) 발달배경

아주 오래 전부터 사람들은 흙으로 구워 만든 용기를 생활도구로 이용해 왔다. 이는 돌이나 쇠에 비해 가공이 쉽고, 재료 자체도 풍부하였기 때문으로 추측된다. 토기가 처음으로 만들어진 것은 일정한 곳에서 안정된 생활을 했던 농경민에 의해서였다.

B.C. 10,000년경, 문명의 발생지역인 중·근동 지방에서 도자기의 역사는 시작되었다. 이집트에서는 B.C. 5,000년경에 색채 도기가 출현하였고, 약 2,000년 후에는 가마나 물레 등의 도구가 발전하였다.

18세기 이전의 유럽은 이탈리아의 마욜리카(Majolica), 네덜란드의 델프트

(Delft), 프랑스의 파이앙스(Faience) 등지에서 도기 및 석기가 생산되고 있었을 뿐이었다. 그러나 자기와 같은 고급제품이 일본과 중국으로부터의 수입에 의해 알려지면서 동양자기에 대한 선망과 경이로움은 유럽인들로 하여금 자기제품의 개발에 집중하게 만들었다.

이러한 노력의 결과 아우구스투스(Caesar Augustus) 대제에 의하여 1709년 독일의 뵈트거(J.F. Bottger, 1682~1719)가 유럽 최초의 자기를 개발하였고, 1710년 동부 독일 드레스텐(Dresden) 부근에 마이센(Meissen)요(窯)가 창설되었다.

오스트리아의 빈(Wien), 프랑스의 세브르(Sevres), 이탈리아의 리처드 지노리(Richard Ginori) 등지에서 경쟁적으로 도자기 가마를 개설하여 유럽의 도자기 산업은 급격히 발전하기 시작했다.

18세기 초반에는 소지배합과 확장

토 및 유약의 장식적 이용에 있어서 많은 혁신을 이룬 후 개발된 것이 크림웨어이며 웨지우드의 설립에 밑거름이 되었다. 크림웨어는 백색점토와 석회석으로 구성되어 성형 후 투명유약을 시유한 도기이다. 1760년부터 생산을 시작한 웨지우드(Josiah Wedgwood, 1738~1795)는 생산한 대부분의 제품들을 리버풀로 보냈고, 존 새들러(John Saddler)에 의해 전사인쇄 장식되었다. 웨지우드가 제작한 식기는 우아하고 견고하며 가격이 저렴했다. 1767년 영국 여왕이 주문하자 웨지우드는 자신의 크림웨어를 '퀸즈웨어'라고 불렀고, 판매전략은 성공을 거두었다. 이 후 러시아 카타리나 황후(Empress Catharina, 1729~1796)가 대량 주문함으로써 바다 건너까지도 큰 성공을 거둔다.

유럽에서의 도자산업은 동양에 비해 늦게 발달했지만, 산업혁명을 통해 생산된 동력기계의 사용과 과학적인 분석 및 끊임없는 연구를 바탕으로 양질의 도자기를 생산하였고, 이 후 오늘과 같은 세계일류의 명품을 만들어 내는 전통이 이어져 내려오고 있다.

2) 디너웨어의 분류

(1) 재질에 따른 분류

● **토기(clayware)**

토기는 진흙 속의 광물이 용해되지 않고, 진흙의 질적 변화를 가져오는 600~800℃에서 구워진 것을 말한다. 유약을 바르지 않는 경우가 대부분이지만 간혹 소금 유약 등을 사용하는 경우가 있다.

● **석기(stoneware)**

석기는 고령토, 석영, 산화알루미늄, 장석을 섞은 2차 점토로 만든 강화도자기로 돌같은 무게와 촉감을 가지

며, 일반적으로 1,000~1,200℃에서 구워진다. 굽는 동안 유리화되고, 밀도가 치밀하며 단단해져 음식의 수분이나 기름기로 인해 변색되지 않는다. 유색 도자기 투명성이 없으며, 손가락으로 튕겼을 때 도기보다 맑은 소기가 난다. 짙은 붉은 빛 갈색으로부터 밝고 푸르스름한 회색과 황갈색까지 있다.

🔹 도기(earthenware)

찰흙에 자갈이나 모래를 섞어 반죽하여 형상을 만들어, 비교적 낮은 온도인 600~900℃에서 구운 용기이다. 두께가 있는 투박한 토기나 착색이 쉬워 다양한 색과 무늬를 즐길 수 있다. 빛을 통과시키지 못하며, 손가락으로 튕겼을 때 둔탁한 소리가 난다.

🔹 본차이나(bone china)

자기보다 낮은 온도인 약 1,260℃에서 구워지며, 황소나 가축의 뼈를 태운 골회를 첨가시켜 만든다. 골회를 많이 첨가할수록 질이 좋아지며, 대개 고급품의 본차이나는 골회 50%, 고령토 30%, 장석 20%를 섞어 만든다. 크림색이 도는 흰색의 반투명 본차이나는 격식의 식탁이나 약식 식탁에 어울리며, 불투명한 것은 약식 식탁에 잘 어울린다.

🔹 자기(Porcelain)

자기는 카올리나이트(kaolinite)를 주성분으로 하는 자토, 즉 고령석인 카올린으로 그릇을 빚어 약 1,300~1,400℃에서 구운 것으로, 모든 도자기 중에서 가장 단단하고 실

용적이며 우아한 자리에 잘 어울린다. 특유의 광택이 있다.

(2) 용도에 따른 종류

① 개인용 식기

● 접시(Plate)

플레이트 웨어(plate ware)는 불어 'plat'에서 유래된 것으로 원형 모양이라는 의미를 담고 있다. 평면적인 형태로 깊이가 거의 없어 플레이트 웨어라고 한다. 옛날에는 음식들을 식탁 위에 바로 놓거나 볼 안에 놓았으며, 고고학적 발견물들에서 돌, 설화 석고(alabaster), 청동으로 만들어진 접시가 발견되었다. 초기의 도자기 접시는 끓이고 굽는 음식에서 나오는 즙을 담을 수 있도록 넓은 테두리와 깊게 파인 부분이 만들어졌다. 깊게 파인 부분과 둥근 테두리가 있는 접시는 16세기 이탈리아에서 유래하였다.

〈표 2-1〉 접시의 종류

명칭	형태	크기	용도
서비스 접시 (service plate)		30cm 전후	• 게스트의 자리를 표시하기 위해 처음에 세팅하는 접시. • 장식 접시이므로 요리를 담지는 않으며 손님이 자리에 앉으면 치워진다.
디너 접시 (dinner plate)		26cm 전후	• 메인 dish용 접시. • 세팅 시 1인의 위치 중심. 일반 요리용으로도 사용하브로 사용 빈도가 가장 높다.
런천 접시 (luncheon plate)		23~24cm	• 과일이나 케이크 등을 먹을 때 나눔 접시로도 사용한다.

디저트 접시 (dessert plate)		18~21cm	• 오르되브르볼, 디저트, 샐러드, 치즈를 담는데 쓰거나, 뷔페에 서 더는 접시로 쓴다. • 샐러드 접시라고도 불린다.
수프 접시 (soup plate)		지름 22cm~25cm 깊이 2.5cm~5cm	• 수프용의 접시지만, 시리얼 등 에도 사용한다. • 가장자리 림(rim) 부분이 있는 것과 없는 것이 있다.
빵 접시 (bread plate)		15~18cm	• 빵용 접시. • 케이크나 과일을 담는 것 외에 도 테이블이 좁은 경우는 더는 접시로도 사용하기도 한다.
샌드위치 접시 (sandwich plate)		25~30cm	• 네모난 형태로 양쪽에 손잡이 가 있다. • 샌드위치를 담아내기 위해 사 용한다.
크레센트 접시 (crescent plate)		폭 1.5~15cm 길이 18~20cm	• 초승달 모양의 접시 • 샐러드, 채소, 소스같은 것을 주 로 담는다.

● 볼(bowl)

식탁에서 사용하는 볼은 손잡이가 있는 것과 없는 것이 있다. 부용컵(bouil-lon cup), 핑거볼(finger bowl), 램킨(ramekin)은 받침접시와 같이 한 쌍으로 이루어져 있으나, 대부분 서비스 접시(service plate) 위에 놓인다.

〈표 2-2〉 볼의 종류

명칭	형태	크기	용도

부용컵과 소서
(bouillon cup
and saucer)
		9.5cm	• 맑은 수프(bouillon)를 담는
			  데 사용한다.
			• 맑은 수프는 손잡이를 잡고
			  컵으로 마시거나 스푼으로
			  조금씩 떠먹는다.

시리얼볼
(cereal bowl)
		14cm	• 깊이가 4cm 정도의 그릇.
			• 오트밀이나 콘프레이크 등
			  을 담거나 샐러드, 마리네이
			  드, 수프 등을 담기도 한다.

핑거볼
(finger bowl)
		지름 10cm
		높이 5~6cm
			• 식후 신선한 과일을 먹은 후
			  손끝을 씻는데 사용한다.
			• 격식 있는 식사를 제외하고
			  는 잘 사용되지 않는다.

램킨
(ramekin)
		지름 7~11cm
		깊이 4~5cm
			• 측면은 수직이고, 작고 납작
			  한 볼의 형태이며, 우유, 치
			  즈, 크림으로 구운 요리를
			  내는 용기이다.

컵(cup)

인간은 자신의 손을 컵 모양으로 하여 음료수를 마실 때, 새는 불편을 줄이기 위해 마시는 용기를 개발하였다. 캐주얼한 아침식사, 간단한 점심의 경우, 뷔페 스타일로 세팅할 경우 컵(cup)과 소서(saucer)가 디너 플레이트와 함께 세팅된다. 차거운 음료는 고블릿(goblet), 비커, 탱커드(tankard) 같은 긴 원통형 용기에 담아졌고, 뜨거운 음료는 작은 볼(bowl) 모양의 컵(cup)을 사용하였다. 유럽에서 차를 마시기 위해 가장 처음 사용했던 도구는 17세기 초, 동인도 회사가 중국에서 수입한 작은 도자기 잔과 석주발이었다. 중국과 일본의 제품을 모방한 영국의 찻잔은 18세기 이후부터 석기, 토기, 도자기 등으로 만들어졌으며, 대개 중국 양식이거나 중국적 특색이 장식되었다. 초기의 찻잔은 크기가 작고, 손잡이가 없어 잔의 위, 아래 가장자리를 손가락으로 잡을 수밖에 없었다. 18세기에 이르러서는 다소 드물긴 해도 손잡이가 있는 찻잔이 있었지만 대체로 고가여서 부자들만 소유할 수 있었다. 그러나 산업혁명 이후 대량생산이 가능해지면서 손잡이가 있는 컵이 일반화되었다. 컵의 크기는 음료의 농도와 음료를 내는 시간으로 결정되며, 큰 컵이나 머그는 아침 식사와 점심 식사 시에 뜨겁게 마시는 커피, 티, 코코아나 오후에 차가운 탄산수를 마실 때 사용된다. 작은 컵은 에스프레소와 같은 짙은 음료, 페이스트로 된 뜨거운 초콜릿, 알코올로 만든 독한 음료를 마시는 데 사용된다.

〈표 2-3〉 컵의 종류

명칭	형태	크기	용도
머그 (mug)		지름 8cm 높이 9cm	• 원통형 용기. • 아침식사와 점심식사에 뜨겁게 마시는 커피용 컵. • 커피, 티, 코코아 등 묽은 음료를 마시기 위한 컵.
티 컵 (tea cup)		지름 8~9.5cm 높이 4.5~5.6cm	• 홍차를 마시기 위한 컵. • 홍사의 색을 즐길 수 있도록 하기 위해 컵의 윗부분이 넓고 높이가 낮다.
커피 컵 (coffee cup)		지름 6.3cm 높이 8.3cm	• 열을 보존하고, 커피의 맛과 향을 유지하기 위해 커피 컵은 실린더 모양을 하고 있다.
데미타스 컵 (demitasse cup)		높이와 지름 약 5.7cm	• 식후 커피서비스나 에스프레소, 카푸치노 등 진한 커피를 마시기 위한 작은 컵.

② 서브용 식기(serveware)

식당과 부엌이 떨어져 있었던 중세 시대에 가져온 음식들이 식어서 데우는 식기가 사용되었다. 그 후 조리된 식기와 함께 식탁 위에서 음식을 서빙하게 되면서 식기의 외형적 요소가 중요하게 부각되어 장식미가 강조된 식기의 형태를 갖추게 된다. 서브용 식기는 아우구스트 2세 때부터 디너세트로 유입되어 맞춤 세트가 되었고, 현재는 식사와 디저트를 위해 식탁에 오르는 식기들을 제외한 식기류로서 공동으로 사용하는 특색을 지닌다. 서빙한다는 의미의 'servire'와 특별하다는 의미의 'waru'에서 유래되었다. 종류로는 커버드 베지터블, 플래터, 소금, 후추통, 트레이, 튜린 등이 있다. 공용세팅으로 주로 4~8인용이며, 테이블 세팅에서는 주로 공동영역이나 별도의 사이트 테이블에서 세팅되어 서빙한다.

〈표 2-4〉 서브용 식기의 종류

명칭	형태	크기	용도
커버드 베지터블 (covered vegitable)		지름 20cm	• 익힌 야채를 담아서 식탁에 내는 그릇, 끓여 만든 요리를 담을 때 등 다양하게 사용할 수 있다.
플래터 (platter)		지름 23~61cm 이상	• 보통 손잡이가 없으며 깊이가 얕은 대형 접시이다. • 둥글거나 타원형 또는 직사각형 모양이다.
샌드위치 플레이트 (sandwich plate)		가로 23cm 세로 15cm	• 네모난 형태로 양쪽에 손잡이가 있다. • 런치나 티타임 때에 한 입 크기로 자른 샌드위치를 담는 접시.

소스와 그레이비 보트 (sauce and gravy boat)		장축 22cm 높이 10cm 240mL	• 소스나 그레이비를 따로 낼 때 사용한다. • 격식 있는 식사에서는 서빙하는 사람에 의해 제공된다.
커피 포트 (coffee pot)		지름 13cm 높이 23cm	• 커피를 따를 때 커피 찌꺼기를 막기 위해 커피 포트의 주둥이는 몸체의 위쪽에 위치한다.
티 포트 (tea pot)		지름 16cm 높이 13cm	• 티를 넣어 우려내는, 서브하기 위해서 사용되는 포트. • 둥근 모양의 티포트는 티의 점핑(jumping)을 좋게 하여 맛있는 티를 우려낸다.
데미타스 포트 (demitasse pot)		지름 10cm 높이 18cm	• 실린더 모양의 커피 포트로 크기가 작다. • 데미타스 커피를 서브하기 위해 사용된다.
튜린 (tureen)		3L 내외	• 뚜껑 달린 움푹한 그릇이다. • 뚜껑과 양 옆에 손잡이가 있는 손님 접대용 큰 볼이다. • 큰 것은 수프, 스튜, 펀치 등을 담는다.
콤포트 (compote)		지름 20cm	• 굽이 달린 접시이다. • 사탕이나 얼린 과일을 내기 위해서 격식 있거나 약식의 식사에서 사용된다.
트레이 (tray)		지름 10cm 높이 20cm	• 격식있는 식사에서는 모든 코스에 사용한다. • 냅킨이나 싸둔 커틀러리를 담거나 식탁을 정리할 때 사용한다.

2. 커틀러리(cutlery)

커틀러리(cutlery)는 나이프, 스푼, 포크 등 우리가 식탁 위에서 음식을 먹기 위해 사용하는 도물류, 금물류의 총칭이다. 우리 나라의 식사도구는 앞서 설명한 바 있기 때문에 본 장에서는 서양의 취식도구에 한하여 다루기로 한다.

1) 발달배경

(1) 스푼(spoon)

인류 역사상 최초의 식사도구는 스푼이며, 조개껍데기가 그 원형이라는 사실에는 이견이 없다. 동그랗게 오므린 손의 모양에서 시작된 스푼은 조개나 굴, 홍합의 껍데기 등을 이용하다가 구형, 타원형, 달걀형의 접시에 손잡이가 달린 형태로 변화했다. 또한, 접시에 손가락을 적시지 않고 음식을 뜨기 위해 손잡이가 추가되었다. 스푼이라는 말 자체가 나무 토막을 뜻하는 앵글로색슨어의 '스폰(spon)'에서 나왔다고 하며, 이후에 스푼 제작에 주물 방식이 도입되면서 모양도 자연에서 찾아 볼 수 있었던 초기의 형태에서 점차 유행에 따라 자유롭게 발전하기 시작한다. 스푼의 모양은 14세기부터 20세기까지 정삼각형에서 타원형으로, 긴삼각형으로 그리고 달걀형과 타원형으로 변화했지만 조개의 형태에서 크게 벗어나지 않았다.

일반적으로 장식은 손잡이 부분에 국한되어 있는 것이 규칙이며, 전면 부분이 장식되는 경우에는 선각이나 에나멜 등의 평면 장식이 사용되며, 소재로는 귀금속, 합금, 주석, 뼈, 뿔, 목재 등이 사용되며 전면과 손잡이에 서로 다른 소재를 사용하는 경우도 많다.

(2) 나이프(knife)

'한꺼번에 누르다 또는 자르다'의 의미인 중세 영어 'knif'에서 유래된 나이프는 취식도구 가운데 비교적 일찍 등장했다. 그러나 초기의 나이프는 개인 소유의 취식도구라기보다는 조리도구의 성격이 강했으며, 무기나 연장 등의 역할을 동시에 취하는 다목적 용도였다.

중세의 식탁에서만큼 나이프가 대접을 받던 시기는 없었다. 심지어 격식을 차려야 하는 특별한 자리에서는 양손에 나이프를 하나씩 들고 식사하는 것이 세련된 식사법으로 간주되기도 하였다. 포크가 보급되면서 점차 고기를 가르는 용도 외에는 특별한 쓸모가 없는 왼손의 나이프를 몰아냈고, 잇따라 오른손 나이프의 기능에도 변화가 생겼다.

포크의 등장은 나이프의 형태 변화에 주요 인자로 작용하였다. 즉 나이프의 날이 둥근 형태로 발전하면서 무기로 남용될 수 있는 위험이 감소했다.

(3) 포크(fork)

포크의 어원은 '건초용 갈퀴(pitch fork)'라는 의미의 라틴어 'Furca'로부터 시작되었다. 명칭대로 마른 풀을 집어 올리는 두 갈래의 갈쿠리와 같은 농기구가 그 원조였다. 고대 이집트인들은 청동으로 만든 제의용(祭儀用) 포크를 신성한 제물을 바치기 위한 종교적 연회에서 사용했으며, 조리도구용 포크는 그리스, 로마시대부터 존재했는데, 끓는 가마에서 고기를 꺼낼 때 손의 보호를 위해 쓰였으며, 이 주방기구는 손과 흡사하게 생겼는데, 손가락이 화상을 입지 않도록 보호해주었다.

두 갈퀴(two-pronged) 포크는 주방에서 고기를 고정시켜 썰거나 담기에 이상적이었다. 고기 위에서의 이동이 자유로웠고, 잘라낸 고기 조각을 커다란 주방용 오븐에서 접시(paltter)로 옮길 때에도 요긴하였다. 주방용 포크에서 원형을 차용한 초기의 식탁용 포크는 일련의 변이과정을 겪어왔다. 포크의 사용이 빈번해지면서 드러난 단점들을 개선하기 위하여 그 형태를 수정한 것이다. 식탁용 포크 역시 초기에는 긴 일직선의 두 갈래 모양이었다. 갈래가 길수록 당시의 일반적인 육류조리법이었던 로스트(roast)한 고기를 좀 더 단단히 고정시킬 수 있었기 때문이었다. 그러나 시간의 경과에 따라 긴 갈래(longish tines)의 포크는 다이닝테이블(dining table)에서 무용지물이 되어갔다. 물론 식기류(tableware)가 주방용구(kitchenware)와는 차별화되어야 한다는 유행 스타일의 요구도 무시할 수 없었을 것이다. 결과적으로 17세기부터는 식탁용 포크의 갈래가 주방용 도구의 갈래보다 현저하게 짧고 가늘어졌다.

음식을 단단하게 고정시키기 위해 포크의 양 갈래 사이가 어느 정도 떨어져야 했고, 그 결과 갈래 사이의 간격이 규격화되기에 이르렀다. 17세기 말~18세기 중엽에 이르러서는 포크의 측면이 완두콩처럼 부드러운 음식을 뜨기 위해 약간 휜 모양으로 변했고, 이러한 단점을 보완하고자 포크는 마지막 해결책으로 갈래를 하나 더 달게 되었다.

〈표 2-5〉 스푼의 종류

명칭	형태	용도
디너 스푼 (dinner spoon)		• 수프용. 테이블 스푼이라고도 하며 개인용에서는 가장 크다. 카레 등을 먹을 때 사용한다.
부용 스푼 (bouillon spoon)		• 수프용. 스푼의 작은 타입. • 맑은 수프를 먹을 때 사용한다. • 동그란 모양으로 콩소매 스푼이라고도 한다.
수프 스푼 (portage spoon)		• 수프용 스푼의 큰 타입. • 앞이 긴 삼각형으로 갸름한 것이 특징. • 수프 접시에서 먹는 포타지(portage) 수프에 사용한다.
디저트 스푼 (dessert spoon)		• 무스 등 소스가 많은 디저트용. 스파 등에서는 일상의 식사용으로서 이 사이즈를 팔고 있다.
티스푼 (tea spoon)		• 홍차용. 소형의 스푼 안에서는 가장 크고, 티컵의 사이즈에 맞게 사용하며, 소량의 수프나 오르되브르, 디저트에도 사용한다.

명칭	형태	용도
데미타스 스푼 (demitasse spoon)		• 에스프레소를 마실 때 설탕을 넣고 젓는데 사용한다. 티스푼과 비교해 작은 것을 커피용으로 데미타스 컵용은 더욱 작아진다.
아이스크림 스푼 (ice cream spoon)		• 아이스크림용. 크림 등의 페이스트형의 것을 먹을 때 사용한다. 무스나 바바로아도 사용한다. 아이스크림 전용은 작은 삽의 형태이다.

〈표 2-6〉 나이프의 종류

명칭	형태	용도
디너 나이프 (dinner knife)		• 고기 요리용. 가정이나 캐주얼한 식탁에서 식사 전반에 사용한다. 가장 긴 나이프로 테이블 나이프라고도 한다.
스테이크 나이프 (steak knife)		• 날카로운 끝부분과 두꺼운 고기나 립을 자를 수 있는 톱니 모양의 날을 가지고 있다. 끝이 뾰족한 형태로 약식의 테이블 상차림에 사용.
피시 나이프 (fish knife)		• 생선 요리용. 생선의 몸이 부서지지 않도록 나이프의 폭이 넓고 앞부분은 생선 뼈를 빼내기 쉬운 형태로 되어 있다. 테이블 나이프에 비해 날 면적이 넓고 길이는 짧은 편이다.
디저트 나이프 (dessert knife)		• 디저트용. 오르되브르나 샐러드, 애프터눈 티에도 사용한다. • 버터 스프레드 대용으로도 사용한다.
후르츠 나이프 (fruit knife)		• 디저트용. 오르되브르나 샐러드, 애프너눈 티에도 사용한다. • 버터 스프레드 대용으로도 사용한다.
버터 나이프 (butter knife)		• 버터를 바르기 위한 개인용 나이프로 앞이 둥근 것이 특징이다. • 약 12~14cm 정도 크기.

〈표 2-7〉 포크의 종류

명칭	형태	용도
디너 포크 (dinner fork)		• 고기 요리용. 디너 나이프와 함께 식사 전반에 사용한다, • 미트 포크, 테이블 포크라고도 한다. • 약 17cm 정도 길이.
피시 포크 (fish fork)		• 생선요리용. 앞부분이 생선을 고르는 지레 장치의 역할을 하기 위해 왼쪽의 갈래가 넓은 형태를 하고 있는 것이 특징.
디저트 포크 (dessert fork)		• 디저트용. 디저트 나이프 같이 오르되브르나 샐러드, 애프터눈 티에도 사용할 수 있다.
후르츠 포크 (snail fork)		• 달팽이나 소라를 껍질에서 꺼내기 쉽게 두 갈래로 길고 뾰족한 날이 있다.

〈표 2-8〉 서브용 공동 도구(servers)

명칭	형태	용도
카빙 나이프, 포크 (carving knife & fork)		• 고기를 잘라 나누는데 사용. 앞이 바깥쪽을 향하여 휜 포크로 단단히 눌러 앞이 뾰족한 나이프로 자른다. 약 30~36cm 길이로 프라임 립(primfe rib)이나 호박, 수박, 야채 등을 자르는 데 사용한다.
서빙 포크 (srving fork & spoon)		• 요리를 나눌 때 사용한다. 샐러드를 버무려 개인용 접시에 옮겨 담을 때 사용한다. 서빙 포크, 스푼에는 목재도 있다.
소스 레이들 (sauce ladle)		• 소스 포트에서 소스를 따를 때 사용한다.

슈거 집게 (sugar tong)		• 슈거 포트에서 각설탕을 집어 든다.
케이크 집게 (cake tong)		• 작은 케이크나 페이스트리, 샌드위 치 등을 집을 때 사용한다.
케이크 서버 (cake server)		• 자른 케이크나 파이를 서비스할 때 에 사용한다. • 퍼올리기 쉽게 평평한 모양을 하고 있다.

〈표 2-9〉 커틀러리의 기원과 분류

종류	유래	형태에 의한 분류	특징
스푼 (spoon)	spon : '평평 한 나무 토막' 의 뜻인 앵글로 색슨어.	• 주 기능인 볼의 형태가 정 삼각형 → 타원형 → 긴 삼 각형 → 달걀형 → 타원형 으로 변화. • 특별한 형태의 스푼.	• 인류 역사상 최초의 식사도구. • 테이블 스푼은 수프의 발달과 관 련이 깊음. • 티 스푼은 기호음료의 유행과 연 관. • 특별한 음식용 고안.
나이프 (knife)	knif : '한꺼번 에 누르다' 혹 은 '자르다' 의 중세 영어.	• 주 기능인 날 끝이 뾰족한 것 → 동시에 찍어 먹는 기 능 수행. • 평평한 것 → 동시에 음식 물을 얹어 입으로 옮기는 역할. • 식탁 포크의 등장 이후 가 르는 역할 수행.	• 조리도구의 성격, 무기나 연장 등의 다목적 용도로 출발. • 그 목적에 따라 조리용이나 식탁 용으로 구분.
포크 (fork)	furca : 건초 용 포크(pitch fork).	• 주 기능인 갈래가 두 갈래 → 세 갈래 → 네 갈래로 변화. • 17세기부터 식탁용 포크 가 조리용보다 갈래가 짧 고 가늘어 짐.	• 그 목적에 따라 제의용, 조리용, 식탁용으로 구분.

자료 : 장혜진, 커틀러리의 역사적 고찰, 경기대학교 석사논문, 2003.

3. 글라스웨어

1) 발달배경

(1) 유럽 유리

14세기 경에 베네치아의 숙련공들은 크리스털로(cristallo)를 발명하였다. 크리스털로는 바릴라(barilla)에 의해 생성되는 노란빛의 갈색 재 때문에 흐릿하게 만들어졌으나, 상대적으로 투명한 유리였다. 크리스털로의 발견으로 베네치아는 사치품인 유리의 주요한 원산지가 되었다. 1454년 베니스는 유리 제조업자들이 다른 나라로 이민을 가면 사형에 처한다는 내용을 담은 조항을 선포함으로써 독점권을 유지할 수 있었다. 그러나 유리 제조업자들은 뇌물의 유혹에 굴복했고 네덜란드와 영국, 프랑스, 독일, 보헤미아, 오스트리아, 스페인으로 도망쳐 베네치아의 유리 제조기술을 가르쳤다. 그 결과 프랑스어로 '베니스풍'이라는 뜻을 지닌 '파숑 드 베니스'로 불리는 우아하고 흐르는 듯한 형태의 유리를 만들어냈다.

(2) 영국 크리스탈

조지 라벤스크로프(George Ravenscroft)는 1673년 베네치아의 크리스털로의 대체물을 찾다가 플리트 글라스(flint glass, 납유리)를 발견하였다. 그는 크리스털로의 주요 성분이었던 모래와 소다 재 대신에 납을 태워서 썼다. 그러나 알칼리의 비율이 높아짐으로 인해 생긴 불균형은 '크리즐링(crizzling)'이라고 불리는 미세한 금의 일종인 유리 찌꺼기를 만들었고, 이것은 유리의 점차적인 파괴를 가져왔다. 라벤스크로프는 납 대신에 모래를 대체했고, 용매제로 산화납을 썼다. 그 결과 1676년에 크리스털로 보다 납 크리스털이 투명해졌다.

(3) 아일랜드 크리스탈

1745년에 영국은 유리의 무게에 따라 세금을 부과했다. 아일랜드 유리의 제조업에는 세금이 제외됐음에도 불구하고, 아일랜드 유리를 영국으로 수출하는 것이 금지되었다. 그러나 아일랜드와 영국 사이에 자유무역이 1780년에 세워졌고, 이후 5년 동안 유리공장은 코르크(Cork), 벨패스트(Belfast), 더블린(Dublin), 뉴리(Newry), 워터포드(Waterford)에 설립되었다. 그 공장들은 희미한 블러시 그레이(blush grey) 색이나 스모키한 톤을 띤 납 크리스털을 생산했다.

(4) 미국 유리

미국 유리산업은 악전고투이거나 붕괴의 연속이었고, 18세기 후반 산업화의 시대까지는 뿌리내리지 못했다. 유리산업에 있어서 작은 진전은 19세기 말엽에 이르러 기계화가 산업을 안정시켰고, 20세기에는 세계적으로 유리산업을 이끌었다.

2) 글라스웨어의 종류

글라스류는 테이블에 놓는 식사중에 제공되는 음료용 글라스와 식전·식후에 제공되는 음료용 글라스로 나누어진다. 테이블용 아이템에는 고블릿(goblet), 레드 와인(red wine), 화이트 와인(white wine), 샴페인 글라스(champagne glass), 텀블러(tumbler) 등이 있다.

글라스는 술의 종류에 따라 크기나 형태가 달라진다. 크게 나누면 중간의 손잡이 부분이 가는 줄기처럼 생긴 스템웨어(stemware)와 위 아래의 크기가 비슷하거나 아래로 갈수록 약간 좁아지는 텀블러(tumbler)가 있다. 보통 스템웨어는 물, 와인, 샴페인, 코냑 등을 마실 때 쓰며, 텀블러는 칵테일이나 음료수 잔으로 쓴다.

그 밖에 특수한 것으로 리큐르 글라스(liqueur glass), 칵테일 글라스(cocktail glass), 브랜디 글라스(brandy glass), 위스키의 온 더 락스용(on the rocks)으로서 올드 패션드 글라스(old gashioned glass) 등이 있다.

또 식탁용의 유리제품으로서 디켄터(decanter, 장식병)나 피쳐(pitcher, 물주전자) 등도 있다.

스템웨어 글라스는 볼(bowl)과 스템(stem), 베이스(base)로 구성된다. 스템웨어의 목적은 물이나 아이스 티, 와인 등 차가운 음료를 서브하기 위하여 볼에 담긴 내용물이 데워지지 않고 차갑게 음료를 제공할 수 있도록 해준다.

〈표 2-10〉 글라스웨어의 종류

명칭	형태	크기	용도
고블릿 (goblet)		300mL	• 물을 담거나, 칵테일 중 롱 드링크에 사용되며 그 밖에 맥주, 비알코올성 음료에 이용되고 있다.
레드와인 글라스 (red wine glass)		180mL~	• 레드와인용. • 커다란 글라스를 사용한다. • 공기에 닿게 하여 향이 나올 수 있도록 큰 것이 많다.
화이트와인 글라스 (white wine glass)		150mL~	• 화이트와인용. • 차갑게 하여 마시는 경우가 많고, 차가운 동안에 마실 수 있도록 작은 것이 좋다.
샴페인 글라스 (champagne glass: flute)		135mL	• 발포성 와인용. 올라가는 기포를 즐길 수 있도록 가늘고 긴 형태를 하고 있다. 거품을 오래 유지할 수 있다.
샴페인 글라스 (champagne glass: saucer)		150mL	• 축하행사의 건배용 샴페인 글라스. 샤베트나 아이스크림 등을 담을 때도 사용.
브랜디 글라스 (brandy glass)		300mL	• 브랜디용. 손으로 돌려 따뜻하게 하면서 향을 즐기도록 입구가 좁고 스템이 짧다.

칵테일 글라스 (cocktail glass)		120mL	• 마티니 등 쇼트 드링크의 칵테일 전용 글라스. 짧은 시간에 마시기 위해 소량을 담을 수 있게 되어 있다.
필스너 (pilsner)			• 맥주용. 맥주 글라스에서 하얀 거품을 가장 아름답게 보여준다. 아이스티나 주스에도 사용한다.
쉐리 와인 글라스 (sherry wine glass)			• 식전주의 쉐리나 포트 전용의 소형 글라스. • 쇼트 칵테일이나 일본주에도 사용할 수 있다.
리큐어 글라스 (liqueur glass)			• 리큐어용. 알코올 도수가 높은 술을 스트레이트로 마시기 위한 작은 글라스이다.
올드 패션 글라스 (old fashioned glass)		240mL	• 위스키 등의 로크용 글라스. • 오래된 템플러라는 의미로 올드 패션이라는 이름이다.
텀블러 글라스 (tumbler glass)		200mL	• 주스, 물, 맥주, 위스키 등 폭넓은 잔을 사용할 때 쓰이는 글라스이다.
샷 글라스 (shot glass)		30mL	• 위스키와 스피릿(spirit) 등을 스트레이트로 마실 때 사용하는 작은 글라스이다.

〈표 2-11〉 글라스웨어의 서비스 도구 종류

명칭	형태	크기	용도
피쳐 (pitcher)			• 물, 주스, 조식용의 밀크 등을 넣는 손잡이가 있는 그릇.
디켄터 (decanter glass)		720mL	• 와인을 공기에 닿게 하기 위해 보틀에서 옮기기 위한 그릇. • 위스키나 리큐어용도 있다.
아이스 박스 (ice Bucket)			• 얼음을 넣는 그릇. 위스키를 물에 타거나 록(rock)으로 마시는 경우 빠질 수 없는 아이템.

4. 린넨

식사할 때 사용되는 각종 천류를 총칭하는 말로 식공간에서의 린넨은 테이블 클로스, 언더 클로스, 플레이트 매트, 냅킨, 러너, 도일리 등이 있으며, 테이블 린넨이라고도 한다.

1) 발달배경

인류가 린넨을 사용한 역사는 깊어서 B.C. 8000년으로 거슬러 올라간다. 고대 이집트에서는 린넨은 달빛으로 짜여진 직물이라 부르며 넓게는 제사에도 사용되었다. 그리스인, 로마인 사이에서는 품질이 좋은 순백의 삼베는 보배로 여겨졌다고도 한다. 그 시대의 연회에서는 손님이 각자 Toga(식사복)와 함께 'Napp'와 'Mappa'라고 하는 지금의 냅킨을 지참하고 와서 손이나 입을 닦았고, 남은 음식을 싸가지고 갈 때도 사용하였다고 한다. 테이블보는 특별한 경우에 깔았다고 한다.

중세에는 식사 시에 여러 장의 테이블 클로스를 겹겹이 깔아 놓은 후 코스별로 음식이 바뀔 때마다 테이블 클로스를 한 장씩 벗겼다. 마지막 요리에서는 가장 값비싼 테이블 클로스(동양의 카펫)를 보여주어 부와 명예를 과시하였다. 중세 르네상스에 제국이 붕괴되면서 생활은 후퇴되고 초라한 식탁 위에는 테이블보와 냅킨이 사라졌다. 루이1세 시대(9세기)에 테이블보가 부활하지만, 사용용도가 손이나 입을 닦는데 사용되었다. 13세기가 되면서 테이블보 위에 테이블보를 깔게 되었다. 르네상스 시기에 식탁은 활기를 다시 찾으면서 동물이나 새의 형태를 딴 냅킨이 장식으로서 놓이게 되었다. 프로렌스에서 메디치기의 카트리느 공주가 프랑스의 앙리2세에게 시집갔을 때 그 문화를 프랑스에도 전해주면서 식탁도 정비되고 세련되어졌다. 클로스는 다마스크(Damask)나 자수를 놓은 것도 만들게 되지만, 색은 흰색으로 색이 있는 클로스가 만들어진 것은 그 후 20세기에 들어가면서이다.

18세기 이후 포크를 사용하게 되면서 냅킨은 일시적으로 사라지게 되지만, 18세기가 되면서 부활한다. 폼파도르 주인은 목면의 테이블 클로스를 처음 사용하였고, 루이16세기 마리 앙투아네트 왕비는 당시의 최고의 사치인 실크 오간지를 선보였고, 이후 테이블 클로스도 레이스나 오르간디(organdy) 등 엘레강스한 것을 사용하게 되었다. 나폴레옹시대에는 테이블 클로스도 화려해져서 금실로 자수하거나 술(Fringe), 테슬(Tassel) 등을 사용하게 되었다. 레스토랑의 발전과 함께 테이블 글로스는 컬러풀하게 된다. 산업혁명으로 인한 기계화로 새로운 합성 섬유가 발명되면서 호텔, 레스토랑 뿐만이 아니고 가정에도 보급되어 현대에는 물을 흡수하지 않게 가공한 제품도 나와 편리해졌다. 공간에 맞춘 소재, 색, 무늬 등 선택의 폭이 넓어져서 코디네이트의 중요한 한 부분을 차지하고 있다. 그러나 아직 서양과 비교했을 때 기성품의 종류가 적어 해외에서 수입하거나 인테리어 직물을 응용하고 있다.

2) 린넨의 종류

(1) 테이블 클로스(Table Cloths)

테이블 클로스와 식기는 재질감의 통일성과 계절감을 기본으로 한다. 예를 들면, 올이 굵고 투박하여 광택이 없는 천은 도기나 스톤웨어와 어울리며, 컬러에 따라 여름, 가을, 겨울이 어울리며, 올이 가늘고 광택이 있는 천은 자기 등과 어울리며 격식이 있는 자리에 어울린다.

테이블 전체를 씌우는 천으로 색의 연출효과를 가장 크게 가져온다. 포멀한 자리에서의 밑단이 내려오는 길이는 약 50cm 정도가 적당하고, 가정에서는 20cm 전후가 좋다. 톱 클로스(Top Cloths)는 테이블 클로스 위에 겹쳐 까는 작은 천으로 조합하여 변화를 즐긴다. 장식의 자리에서는 사용하지 않는다. 언더클로스(Under Cloths)는 테이블 보호를 위해 클로스 밑에 까는 플란넬 소재의 천으로 미끄러짐 방지와 식기류의 소리를 흡수하는 효과가 있다. 포멀한 분위기의 테이블 세팅을 할 경우에는 마 소재의 흰색이 적당하며, 격식이 있는 자리에서는 진한색의 화학섬유의 테이블 클로스를 피하는 것이 좋다. 클로스를 구입할 때나 제작시에는 다이닝 테이블의 사이즈를 염두에 두고 제작해야 한다.

(2) 테이블 매트(Table Mat)

클로스 대신에 까는 1인용이며, 일반에는 캐주얼한 세팅 때에 사용하지만, 영국에서는 마호가니 등 테이블의 나무탁자의 아름다움을 보여주고 싶을 때는 포멀한 자리에서도 사용된다.

정식으로는 테이블 클로스와 함께 사용하지 않지만, 가정의 식탁에서는 클로스 위에 겹쳐서 조합해 보는 것도 가능하다. 테이블 매트의 소재, 예를 들면 천(삼, 면, 화학섬유, 비단, 대나무, Felt), 종이(양지, 일본지, 그 외의 종이), 나무, 옻칠한 종이, 대나무, 등나무, 코르크, 고무, 가죽, 스테인리스, 유리판, 골풀, 비닐, 플라스틱, 야자나무 잎, 바나나 잎 등 식물의 잎으로 짠 제품, 으름 덩굴이나 포도의 덩굴로 짠 제품 등 여러 가지 소재로 테이블 매트를 코디네이트 할 수 있다.

<표 2-12> 상황에 맞는 매트 종류

명칭	크기	용도
디너 매트	50×36cm	석식용, 재질에 따라 접대나 격식을 차릴 때에도 사용한다.
런천 매트	45×33cm	점심 식사용. 일반적인 사이즈로 조식이나 가정의 석식에도 사용한다.
티 매트	40×36cm	티용. 레이스나 자수 등 화려한 디자인이 많다.

(3) 냅킨(Napkin)

손이나 입 주변의 더러움을 닦기 위한 정방형의 천으로 피부에 직접 닿기 때문에 주로 천연 소재를 사용하는 것이 좋다. 식사 동안은 무릎 위에 두고 사용하며, 테이블 클로스와 같은 천으로 간단히 접어서 디너접시 위나 왼쪽에 두는 것이 정식이다. 가정에서는 그다지 구애 받을 필요 없이 페이퍼 냅킨이라도 상관없다.

냅킨 접기는 테이블 코디네이트시에 공간의 컬러 분량을 조절하기 때문에 테이블 세팅시에 마지막 단계에서 실시한다. 냅킨은 접는 형태가 복잡할수록 손이 많이 가면 비위생적이라는 느낌을 줄 수 있기 때문에 되도록 간단하게 접는 것이 좋다.

<표 2-13> 상황에 맞는 냅킨 사이즈

명칭	크기	용도
디너 냅킨	55×55cm	디너용, 포멀은 60×60cm
런치 냅킨	40×40cm	점심 식사용, 시판되는 물건이 많은 사이즈. 조식이나 보통의 석식에도 사용함.
티 냅킨	25×25cm	티(Tea) 용, 자수가 있는 손수건 정도로 대용해도 좋다.
칵테일 냅킨	15×15cm	물방울이 떨어지지 않도록 글라스에 가볍게 곁들여서 손에 쥔다.

〈표 2-14〉 냅킨 모양 종류

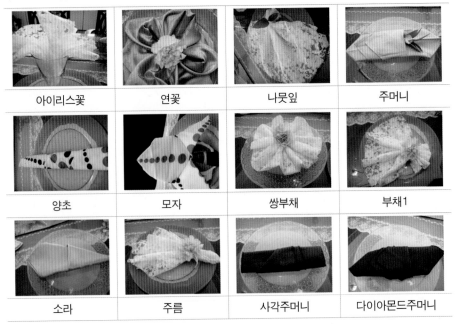

아이리스꽃	연꽃	나뭇잎	주머니
양초	모자	쌍부채	부채1
소라	주름	사각주머니	다이아몬드주머니

(4) 러너(Runner)

테이블의 공유 공간에 폭 30cm 정도로 가로로 길게 놓는 싱글 러너의 형태로 공용과 개인용의 스페이스를 나누는 역할을 하는 경우도 있고, 최근에는 세로로 2장을 나란히 세팅하는 더블 러너를 이용하여 현대적인 느낌을 주며 사용하기도 한다. 테이블클로스

와 같이 사용할 수도 있고, 러너만으로 세팅하며 다양하게 연출할 수 있다. 러너를 놓는 위치, 소개, 색채 등으로 다양한 변화를 주고 길이와 폭은 테이블의 크기와 용도에 따라 자유롭게 사용한다.

(5) 도일리(Doily)

도일리는 1700년대부터 1850년까지 영국 스트렌드가에 있는 유명하고 오래된 포목상에서 발명해 낸 장식적인 모직을 가리키는 용어였으나, 시간이 지나면서 빅토리아 시대의 사람들이 실내의 여러 곳을 덮어 장식하는 리넨 레이스로 그 의미가 바뀌었다. 19세기 중엽에 들어서는 인쇄산업기술의 발달로 값싼 종이 레이스의 상업적 생산이 이루어졌다. 유럽의 중산층은 세련됨을 과시하기 위해 집안에 이러한 종이 도일리를 받아들이기 시작했다.

종이 도일리는 제과점이나 레스토랑, 호텔 및 가정에서 접시의 소음이나 흠집을 막고 음식의 표현력을 높이기 위해서 사용된다. 종이 도일리는 구멍을 내고 입체적인 느낌을 주어 천의 레이스 느낌을 효과적으로 살려주었다. 작고 복잡한 무늬부터 사각이나 원형 또는 크고 작은 하트형 등 매우 다양한 디자인이 있으며, 로맨틱한 분위기의 테이블이나 티파티 세팅에서 자주 이용한다.

제3장 디자인과 컬러 코디네이션

제3장 디자인과 컬러 코디네이션

디자인의 개념은 조형예술이 시작되면서부터 등장했고, 디자인이란 용어는 르네상스 시대부터 사용한 것으로 보고 있다.

디자인이란 '밝다, 어둡다, 가볍다'라는 어감(語感), 클래식, 심플, 모던, 캐주얼하다라고 말하는 감각(感覺), 유러피안 스타일, 아메리칸 스타일 등의 지역(地域)적인 이미지 등 생각하는 형상을 물리적인 소품이나 도구를 이용하여 표현해 내는 것을 말한다.

테이블 세팅(table setting)은 테이블의 이미지와 음식이 갖고 있는 이미지를 형상화시키는 것이다. 그러므로 식공간과 테이블 모양, 사용 아이템의 형태와 선, 질감, 색 등이 규칙에 부합되면서도 균형이 파괴되지 않는 범위 안에서 테이블 세팅 디자인을 할 수 있도록 해야 한다.

특히 테이블 코디네이팅을 할 때는 식공간 연출의 구성요소인 인간(人間), 시간(時間), 공간(空間)의 상호간 균형과 조화를 잃지 않도록 해야 하며, 세부적인 구성요소가 되는 소품과 도구들의 형태, 질감, 색, 재료 등이 식공간과 아름답게 균형을 이루도록 해야 한다.

1. 색의 원리

색이란 물체의 특질과 광선의 파장으로 빛의 흡수, 반사작용에 의하여 만들어진 빛이 시각을 통하여 감지되는 것을 말한다. 오감에 의해 들어오는 정보 중 90% 이상이 시각에 의한 것으로 빛과 색에 대한 반응은 결정적이다. 그래서 테이블 세팅에서 색은 인간의 감정과 빛이 나타내는 색이 결합되어 나타나는 것이라고 볼 수 있다.

〈표 3-1〉 색의 원리

색	색채
시지각(視知覺) 대상으로서의 물리적 대상인 빛과 그 빛의 지각현상, 반사현상 및 물리적 현상	물리적 현상으로서의 색이 감각기관인 눈을 통해서 지각되어졌거나 색의 경험효과, 심리적 현상

1) 생활 속의 색

현대에는 아름답고, 쾌적하고, 능률적이면서 안전한 생활을 풍부한 색채활용을 통하여 추구된다. 생활환경이 자연적 환경과 인공적 환경으로 나눌 수 있는 것처럼 색채환경도 자연색채와 인공색채로 나누어진다. 색을 생활 속에서 접하게 될 때는 색의 감정이나 효과 등 색채환경의 영향을 받게 된다.

2) 색의 7가지 연구

① 색의 물리적 연구 : 직접광, 반사광, 투과광의 에너지 분포양상과 그 빛의 자극정도에 따른 변화를 주로 물리광학적으로 규명
② 색의 화학적 연구 : 색을 나타나게 하는 물질의 화학적 성분 분석과 그 성질에 따른 화학적 변화를 규명
③ 색의 생리학적 연구 : 색 자극이 눈에서부터 대뇌에 이르기까지의 신경계통의 활동 연구
④ 색의 심리, 물리학적 연구 : 자극과 감각, 서로간의 대응성을 규정하려는 연구

⑤ 색의 심리학적 연구 : 색채반응에 연관된 심리적 활동을 대상으로 그 활동 과정과 상태 규명 등 색채조화의 경험적 문제를 다룬다.

⑥ 색의 예술철학적 연구 : 미적 범주와 양식을 연구

⑦ 색의 회화학적 연구 : 색채의 3속성에서부터 일어나는 대비, 보색, 색각의 작용, 색채의 상징작용 연구

3) 색 혼합

(1) 가법혼색

빨간색, 녹색, 파란색의 3종의 색광을 흰색 스크린에 비춰보면 색광이 겹침에 따라 혼합색을 볼 수 있다. 정혼합, 상가혼합, 플러스 혼합이라고도 한다. 원색과의 양을 다르게 함으로써 여러 가지 색을 말할 수 있다.

〈표 3-2〉 가법혼색의 종류

종 류	방 법
동시 가법	• 색광혼합으로 색광을 겹치면 밝게 되는 혼합. • 만들어진 색은 가시광의 스펙트럼 방사 에너지의 합.
계시 가법	• 회전원판을 이용해서 실현. • 두 개 이상의 색표를 원하는 넓이로 회전원판에 붙인 다음 회전시킴.
병치 가법	• 색점을 섬세하게 병치하면 나타나는데, 밀집하게 병치된 색이 어느 정도 떨어진 거리에서 보면 혼색되는 현상

(2) 감법혼색

염료의 혼합, 물감의 혼합 등 색채 혼합현상이다. 감법혼색의 3원색은 자주, 노랑, 청록이며 이것은 물감의 3원색이다. 감색혼합의 특징은 혼합할수록 명도의 채도가 저하되며 색상환에서 근거리 혼합은 중간색이 나타난다. 컬러슬라이드,

컬러 영화필름, 컬러 인화사진 등에 주로 사용된다.

4) 색채조화론

색채조화는 인간 기호의 문제이며 정서반응은 사람에 따라 다르고 때에 따라 다르다. 낡은 배색보다는 새로운 배색을 선호하고 무관심했던 배색도 자주 대하면 좋아진다. 색채조화는 디자인이나 색 자체와 함께 절대적인 시각의 크기에 따라 좌우된다. 아름다운 모자이크 무늬도 10배 이상 확대하면 이상하게 보인다. 색채조화는 색 자체와 함께 그 채색된 범위의 상대적인 크기에 좌우된다. 빨간색 위에 놓은 검붉은 색 보다 / 검붉은 색 위의 새빨간 색이 더 좋은 느낌을 준다. 색채조화는 색 자체와 함께 디자인의 여러 요소, 형태에 따라 좌우된다.

(1) 색상(hue)

빨간색, 파란색 등 명도나 채도와는 관계없이 어떤 빛깔을 띠고 있는지를 나타내는 것이다. 1차색은 빨강, 노랑, 파랑의 원색이고, 2차색은 녹색, 보라, 주황으로 1차색을 섞어 만든 것이다. 3차색은 연두, 청록, 자주로 1차색과 2차색을 혼합해 만든 것이다. 빨강, 노랑, 초록, 파랑, 보라를 기본색상으로 삼아 색체계를 만들었다.

(2) 명도(value)

색에서 느껴지는 밝고 어두움의 정도를 말한다. 가장 명도가 높은 것은 빛을 많이 반사하는 흰색이고, 가장 낮은 것은 빛을 흡수하는 검정이다. 어두운 색은 어둡다는 자체만으로도 불쾌한 인상을 줄 때가 많다. 그래서 명도가 다른 색을 조합했을 때 밝은 색은 보다 밝게, 어두운 색은 보다 어둡게 보인다.

(3) 채도(chroma)

색의 화려함, 수수함 등 선명함이 정도를 표현한다. 채도가 높은 색일수록 그 색상이 잘 나타난다. 채도가 높은 색은 순색이고, 낮은 색은 탁색이라 말한다. 다양한 색을 섞을수록 채도는 낮아지고 무채색으로 변한다. 어떤 색의 주위에 그것보다 선명한 색이 있으면 그 색의 채도가 원래 가지고 있는 채도보다 낮게 보인다.

(4) 색의 조화

색의 조화는 배색을 통하여 얻어진다. 두 가지 이상의 색을 서로 어울려서 하나의 색만으로는 얻을 수 없는 효과를 배색이라 한다. 색상, 명도, 채도는 배색의 3속성이다. 배색은 주로 색상에 중점을 두고 조화를 고려하는 경향이 강하다.

〈표 3-3〉 배색의 종류

종류	의미
동일색상 배색 (Monochromatic Color Harmony)	• 동일한 색상의 범위에서 명도와 채도를 달리하여 배색하는 방법 • 맑은(pale) 색조의 자주색과 연한(very pale) 색조의 자주색을 배색하면 자주색의 동일색상 배색이 된다. • 한 가지 색상만을 사용하여 정리되고 안정적인 느낌.
유사색상 배색 (Analogous Color Harmony)	• 색상환에서 바로 옆에 있는 색상끼리 배색하는 방법. • 초록색을 유사색상과 배색하려면 그린엘로나 블루그린을 함께 배색. 유사색상끼리는 서로 공통되는 느낌을 가지고 있기 때문에 안정적인 느낌.
반대색상 배색 (Complementary Color Harmony)	• 색상환상 반대색상 관계에 있는 색으로 배색하는 방법. • 이미지와는 차이가 큰 색상끼리 배색하는 것이므로 유사색상 배색보다 콘트라스트(contrast)가 강한 느낌이 되기 쉽다. • 빨간색과 파란색의 배색, 노란색과 보라색의 배색이 모두 보색의 배색.

5) 다양한 배색의 조화

(1) 그라데이션(Gradation) 배색

그라데이션 배색은 색끼리의 배열 방법을 주제로 하는 리듬감 있는 배색 방법으로, 일정한 규칙성을 가지고 점진적으로 변화하는 모습이 나타나도록 컬러를 배열한다.

(2) 세퍼레이션(separation) 배색

세퍼레이션은 '분리시키다'라는 뜻이다. 색과 색 사이에 세퍼레이션 역할을 하는 색을 넣어줌으로써 강약이 느껴지는 배색을 만들 수 있다.

(3) 반복(repetition) 배색

색을 일정한 패턴으로 반복하여 배열하는 배색방법이다. 2가지 색 이상으로 구성된 배색을 하나의 단위로 하여 계속 반복하는 방법으로 만든다.

(4) 도미넌트(Dominant) 배색

도미넌트란 '지배적인'이라는 의미로 도미넌트 배색은 배색 전체를 지배적인 요소로 통일하여 이미지에 공통성을 부여하는 방법이다.

(5) 액센트(Accent) 배색

액센트가 되는 색을 첨가해서 단조롭지 않도록 배색을 구성하는 방법이다. 액센트 색은 그 스스로 이목을 끄는 역할을 하므로 주변의 색과 색상이나 색조가 반대되는 경우가 많다.

6) 색채조절

색을 단순히 개인적인 기호에 의해서 사용하는 것이 아니라, 환경을 보다 쾌적하게 하고, 능률적으로 만들기 위해서 색채를 조절하는 것을 말한다. 색채조절이 되지 않는 사무실, 병원, 호텔, 공장에서는 눈의 피로와 불쾌감을 일으킨다.

(1) 색채조절의 3요소

① 명시성 : 시각의 정상상태를 보장하여 불필요한 긴장을 피하고 시력의 피로를 감소시켜야 한다.
② 작업의욕 : 작업의욕을 높이는 색은 녹색계열이다. 명도가 높은 색은 약동적인 분위기를 조성한다. 날씨가 흐린 날보다 맑은 날이, 밤보다 낮이, 작업의욕이 높다.
③ 안정성 : 소방차는 붉은색, 중기작업차량은 주황색 등 색채의 명시성과 주목성으로 주의를 환기시킨다. 또한 활동에 지장과 차질을 초래하지 않고 위험을 방지한다.

(2) 색채조절의 효과

직접적인 효과	간접적인 효과
• 눈과 몸의 피로가 적다. • 시각적 즐거움을 준다. • 판단을 용이하게 한다. • 감정을 통솔하게 한다.	• 생산력 증진. • 사고나 재해를 경감, 예방. • 병원에서 치유와 치유성의 향상.

2. 테이블 세팅의 디자인 원리

1) 균형감

균형에는 대칭적 균형, 비대칭적 균형, 방사형 균형이 있다. 일반적으로 테이블 세팅은 식탁 위 식기류를 규칙적으로 배치하고 센터피스에 시선을 집중시키는 대칭적 균형을 사용한다. 또한 자연스러운 느낌과 동적이고 개성 있는 분위기를 연출할 수 있도록 시각적 무게는 같게 하면서 형태나 구성을 다르게 하는 비대칭 적 균형이 사용되기도 한다.

방사형 균형은 중심이 되는 것의 주위가 원을 이루면서 균형을 이루는 것으로 둥근 식탁이나 타원형 식탁에서 볼 수 있다.

2) 리듬감

리듬감은 반복, 점진, 교체, 대조나 대비 등을 통해 단일성과 다양성으로 나타 난다. 커트러리나 테이블의 선, 테이블 클로스와 냅킨의 질감, 패턴의 반복으로 리듬감을 줄 수도 있으며 사용되는 테이블 아이템의 대조나 대비로 변화를 통한 자극적이고 동적인 효과를 준다.

3) 강조

강조는 말 그대로 어떤 하나에 악센트를 주는 것이다. 화려한 꽃을 이용한 센 터피스나 촛대, 어테치먼트를 사용하여 강조효과를 극대화한다. 테이블 세팅에서 강조가 없다면 단조롭고 초라한 세팅이 될 수 있으므로 악센트를 주는 소품 이 용은 대단히 중요하다.

4) 통일감과 조화

사용하는 식기나 소품의 형태, 질감, 재료 등이 서로 다른 느낌이지만 공간을 구성할 때는 한 가지 것에 통일성을 주어 전체적으로 무리없는 조화를 이루도록 해야 한다. 독특한 소재와 형태를 반복해서 사용한다면 어수선하고 지저분한 테이블 세팅이 될 수도 있다.

3. 테이블 공간 디자인

1) 공간기획

공간은 실내디자인의 가장 기본적인 요소로 길이, 폭, 높이를 지니고 있는 3차원을 말한다. 인간은 공간 속에서 생활하며, 공간은 인간의 동선에 의해 끊임없이 변화한다고 볼 수 있다. 식공간도 테이블을 세팅해 놓은 공간과 테이블 위의 모든 소품을 매끄럽게 연결해 인간이 거부감을 느끼지 않도록 연출해야 한다.

2) 형태

식공간에서 흔히 볼 수 있는 대표적인 공간의 형태에는 직선형, 각형, 곡선형이 있고 이런 것을 모양이라고 부른다. 직선형은 안정감이 있고, 명료, 순수, 견고, 확실한 느낌을 주는 장점이 있으나 정교하지 못하고 단조롭거나 상자 같은 느낌을 주는 단점이 있다. 각형은 동적인 성질을 갖고 있으며, 곡선형은 사각의 실내 환경을 완화시키고 자연스러운 느낌을 준다. 각각의 모양이 지닌 고유의 특성을 활용하여 식공간의 아름다움을 표현할 수 있어야 한다.

3) 선

선은 점의 연결로 1차원적인 특성을 가지며, 굵기에 따라 가는 선, 굵은 선으로 표현된다. 선은 주위 공간과 분리시켜 윤곽을 드러나게 하며 방향성을 가지고 있어서 감정이나 움직임에 영향을 준다. 수직선은 야심, 동경, 지배, 우월감을 주고, 사선은 활동감, 박력감을, 수평선은 부드럽고 편안한 느낌을 준다. 이런 선은 테이블, 테이블 클로스, 테이블 웨어, 커트러리에서 찾아볼 수 있다.

제4장 동양의 식공간

제4장 동양의 식공간

1. 한국의 식문화 상차림

한국음식은 우리 조상들이 우리 민족 고유의 식생활 관습과 더불어 지리적·역사적 환경에 가장 적합하도록 창안하고 발전시켜 온 한국인의 음식이라 정의할 수 있다. 따라서 한국음식은 지금 우리의 기호에 맞는 가장 합리적인 음식이라 할 수 있을 것이다.

1) 한국의 식생활 문화

한국음식의 특징에는 뚜렷한 사계절과 여름엔 고온다습한 기후적 특성과 함께 삼면이 바다로 둘러싸여 있고, 국토의 70% 이상이 산으로 이루어진 지리적 특성이 그대로 반영되어 있다. 여름의 고온다습한 기후는 작물생산에 있어 쌀농사를 가능케 하여, 쌀·보리·조 등으로 지은 밥을 주식으로 삼도록 했다. 이와 함께 부찬으로서는 밭에서 재배되는 소채류와 함께 해안에서 나는 조개류·어물·해조류 등을 곁들여 먹을 수 있도록 했다.

2) 상차림의 종류

상차림은 한 상에 차려놓은 찬품의 이름과 수를 말한다.

(1) 일상 상차림

① 반상차림

반상차림은 쟁첩에 담는 반찬의 수에 따라 다음과 같이 대별한다.

기본적으로 밥, 국, 김치, 국간장인 청장을 기본으로 놓는다. 이에 5첩 반상이 되면 찌개를, 7첩 반상에는 찜을 놓는다. 그 외에 전, 회, 편육을 찬으로 놓을 때에는 초간장, 초고추장, 겨자즙 등의 조미품을 곁들이며, 김치는 반찬 수에 따라 두세 가지를 놓는다. 찬품을 마련할 때에는 음식의 재료와 조리법이 중복되지 않도록 하고 제철 식재료를 사용하면 훌륭한 식단을 구성할 수 있다.

② 죽상차림

이른 아침, 초조반으로 내거나 간단히 차리는 죽상으로 죽, 응이, 미음 등의 유동식이 주식이 된다. 죽상에 올리는 김치류는 국물이 있는 동치미나 나박김치로 하고, 찌개는 젓국이나 소금으로 간을 한 맑은 조치이다. 이외에 육포나 북어무침, 매듭자반 등의 마른 반찬을 두세 가지 정도 함께 차려낸다.

③ 장국상차림(면상, 만두상, 떡국상)

점심 또는 간단한 식사에 어울리는 상으로 국수나 만두, 떡국으로 차려지며 전유어, 잡채, 배추김치 등의 찬품을 놓는다. 탄신, 혼례 등의 경사가 있을 경우에는 고임상인 큰상을 차리고, 경사의 당사자 앞에는 면과 함께 간단한 찬을 놓은 면상인 임매상을 차린다.

④ 주안상차림

술을 대접하기 위해 차리는 상인 주안상은 청주, 소주, 탁주 등과 함께 전골이나 찌개 같은 국물이 있는 음식을 내며, 전유어, 회, 편육, 김치를 술 안주로 낸다. 내는 술의 종류에 따라서 음식의 조미를 고려한다.

⑤ 교자상차림

집안에 경사가 있을 때, 큰상에 음식을 차려 놓고 여러 사람이 둘러앉아 먹는 상이다. 주식은 냉면이나 온면, 떡국, 만두 중에 계절에 맞는 것을 내고, 탕, 찜, 편육, 적, 전유어, 채, 회 그리고 신선로 등을 내놓는다.

⑥ 다과상차림

주안상이나 교자상에서 나중에 내는 후식상이다. 각색편, 다식, 화채, 유밀과, 차 등을 고루 차린다.

(2) 대표 절기와 음식

우리나라는 사계절이 뚜렷하여 계절에 따른 산물이 다르고 농경민족으로 신앙적 의례행사가 이와 밀접한 연관을 맺고 있어 계절변화에 따라, 절기에 맞추어 식생활을 형성하였다. 예로부터 4절기와 명절에 특별한 음식을 차리고 오락을 즐기며 액을 면하게 빌었다. 이러한 풍속은 체력유지, 집단공동체의 단결, 이웃간의 친목도모를 통하여 생활의 여유을 보여 주었다.

① 설날(정월 초하루)

우리민족 최대의 명절로 설날에 먹는 음식들을 설음식, 세찬이라고 한다. 꿩고기, 쇠고기, 닭고기를 이용하여 국물을 만들고 가래떡을 이용한 떡국이 대표음식이며 편(흰떡, 인절미, 주악, 수수전병), 만두, 약식, 다식, 약과, 정과, 강정, 전유어, 빈대떡, 편육, 누름적, 찜, 숙실과, 수정과, 식혜 등을 즐겨 먹는다.

② 정월 대보름(음력 1월 15일)

14일 저녁에 오곡밥이나 약식을 하고, 말려놓은 묵은 나물들을 반찬으로 하여 먹는다. 15일 아침에는 밤, 호두, 잣 등 부럼을 깨물고, 아침식사에는 귀가 밝아지라고 귀밝이술을 마신다.

③ 팔월 한가위(음력 8월 15일)

우리 민족 최대의 축제 중 하나로 시기적으로 곡식과 과일이 풍성한 때이다. 햇곡식으로 밥과 떡, 술(백주, 신도주)을 만들어 조상에게 감사제를 올렸다. 대표 절식으로는 송편이다. 그 외 배숙, 갖은 나물, 토란탕, 가지찜, 배화채, 생실과 등을 마련하였다.

④ 십일월 동지(12월 22일, 23일경)

축사의 힘이 있다고 생각하는 붉은 팥으로 죽을 쑤는데, 찹쌀로 새알심을 빚어 죽 속에 넣고 끓여 꿀을 타서 먹었다. 팥죽은 역귀를 쫓는다 하여 벽이나 문짝에 뿌리기도 했다. 그 밖에 녹두죽, 식혜, 수정과, 동치미, 냉면, 비빔국수 등을 준비한다.

(3) 통과의례 상차림

우리나라는 예부터 음식을 갖추어, 사람이 태어나서 죽을 때까지 행하는 의식인 통과의례를 지냈다. 이 의례는 공동체 구성원에게 자신의 지위를 인정받는 기능을 한다. 탄생, 삼칠일, 백일, 돌, 관례, 혼례, 회갑, 상례 등에 특별한 상차림을 했다.

① 출생

출산 후 신생아에게 산욕을 시킨 후 흰 쌀밥과 미역국을 끓여 밥 세 그릇과 국 세 그릇을 상에 받친 '삼신상'을 준비하여 산모 머리맡 구석에 놓는다.

② 삼칠일

아기가 출생한 지 7일은 초이레, 14일은 두이레, 21일은 세이레라 한다. 이 삼칠일에는 백설병을 쪄서 축하하는데, 백설기는 대문 밖에 내보내지 않고 집 안에서 가족과 친지 사이에서만 모여 축의를 나누는 것이 원칙이다.

③ 백일

백일은 아기 본위의 첫 경축행사라 말할 수 있다. 백일에는 백설병을 찌고 붉은 색의 팥고물을 묻힌 경단과 오색의 송편, 흰밥, 고기미역국, 미나리를 중심으로 여러 가지 음식을 장만하여 친지 외에도 마을사람이 모여 축하하고, 백일에야 비로소 축의음식을 밖으로 돌려 나눈다. 이때의 백일 축의떡은 백여 가구에 나눠야 아기가 장수하고, 복을 받을 수 있다고 믿어 온 데에 있다.

④ 첫돌

아기의 장수복록을 축원하는 행사로, 돌 음식을 만들어 친척과 이웃에게 나누어 준다. 음식을 받은 사람은 그 아기의 복록과 장수를 기원하는 의미의 인사와 선물을 함께 답례하는 것이 예의이다.

돌상은 아기를 축하하기 위해 떡과 과일을 주로 차린다. 떡은 백설기, 붉은 팥고물을 묻힌 수수경단, 찹쌀떡, 송편, 인절미 등을 주로 하는데, 그 중에서도 백설기와 붉은 팥고물을 묻힌 수수경단은 반드시 해주는 것으로 되어 있다.

⑤ 생일

생일은 돌이나 회갑처럼 큰 잔치를 베풀지 않고 가족끼리 조촐하게 모여 미역국과 평상시보다 조금 더 준비한 음식을 나누어 먹으며 자축한다.

⑥ 혼례

혼인 전 날 저녁에 신랑집에서 신부집으로 납폐함이 들어올 시간이 되면 세 켜로 된 시루떡인 봉채떡을 준비한다. 봉채떡은 찹쌀과 붉은 팥으로 만든 떡으로 가운데에 대추와 밤을 얹어 만든다. 찹쌀을 좋은 부부 금슬을, 팥은 화를 피하고, 대초는 자손 번창을 기원하는 의미이다.

그리고 혼인 당일에는 대부분이 공공장소에서 주관하는 측과 이야기를 통해 음식이 준비되고, 신부가 시댁 식구들에게 인사드릴 때 준비하는 음식으로 폐백을 올려놓는다. 지역에 따라 서울에서는 육포와 대추, 구절판을 준비하고, 그 외의 지역에서는 닭고기, 엿 등이 추가되기도 한다.

⑦ 회갑례

60회 생신을 회갑 또는 환갑이라고 한다. 자손들이 모여 부모의 회갑을 축하하는 연회를 베풀어 드리는 것으로, 이때는 큰상을 차리게 된다. 큰상에 차리는 음식은 과정류, 생과실, 건과류, 떡, 전과류, 전유어류, 숙육편육류, 건어물, 육포, 어포류, 기타 여러 가지 음식을 30~60cm 가까이까지 높이 원통형으로 고여 색과 줄을 맞추어 배열하고, 주빈 앞으로는 장국상을 차린다. 같은 줄에는 모두 같은 높이로 음식을 배열하여 안전하고 정연하게 쌓아올리며, 원통형의 주변에다 축(祝), 복(福), 수(壽) 등의 글자 등을 넣는다.

⑧ 회혼례

신랑, 신부가 함께 60년을 살면 자녀들이 부모의 회혼을 기념하며 베푸는 잔치를 말한다. 부부가 처음 귀밑머리 풀 때를 생각하여 다시 신랑, 신부 복장을 하고 자손들에게 축하를 받는다. 이 의식을 혼례에 준하나, 자손들이 헌주하고 권주가와 음식이 따르는 점이 다르다.

⑨ 상례

부모가 운명하여 시신을 거두고 입관이 끝나면 혼백상을 차리고 촛대와 초, 향로와 향, 주, 과, 포를 차려놓고 상주는 조상을 받는다. 제사 음식의 주가 되는 것은 주, 과, 탕, 적, 편, 해, 메, 탕, 침채, 채소 등 각색 음식을 굽이 놓은 제기에 차린다. 준비할 때 재료는 잘게 썰지 않고 통째 혹은 크게 각을 떠서 간단하게 조리하고, 고명은 화려하지 않게 준비하도록 한다.

⑩ 제례

돌아가신 조상을 추모하여 지내는 의식이며 다른 의식보다 절차가 까다롭지만, 제상은 집집마다 고장마다 진설법이 다를 수 있으므로 형편에 맞추어 정성들여 마련하면 된다. 일반적으로 첫째줄은 과일과 조과, 둘째줄은 나물, 셋째줄에는 탕, 넷째줄에는 적과 전, 다섯째 줄에는 밥, 국 등을 올린다.

(4) 상차림 제안

음식을 대접하는 방법으로는 크게 상 위에 모든 음식을 한꺼번에 다 차려놓는 방법과 음식의 성격에 따라 순서대로 내는 방식이 있다. 전통적인 상차림 방법과 달리 서양식의 상차림과 절충하여 식탁을 꾸며 본다면 새로운 분위기의 식탁을 연출할 수 있을 것이다.

　깨끗하고 정갈한 테이블클로스를 상 위에 깔고, 개인접시와 수저, 냅킨을 준비한 후 식탁 중심에 꽃이나 초, 인형 등을 놓는다. 요리를 서빙하는 순서는 서양식의 전채에 해당하는 요리로 시작하여 해물류, 육류의 요리를 내고, 다음 밥과 함께 반찬이 될 수 있는 요리에 이어 마지막에 후식을 내는 순서로 진행한다.

한국상차림

테이블&푸드스타일링

테이블&푸드스타일링

테이블&푸드스타일링

테이블&푸드스타일링

테이블&푸드스타일링

테이블&푸드스타일링

2. 중국의 식문화 상차림

중국인들은 미각과 영양의 균형을 강조하여 육류와 채소류, 어류와 탕을 함께 먹는다. 곡식과 채식이 주가 된 것은 농경문화가 중심이었기 때문이다. 중국의 국토는 남북한 전체면적의 약 44배로, 매우 넓어 다양한 식품재료가 생산되기 때문에 거의 모든 일반적인 식품이 재료로 이용된다. 또한 중국에서는 음식으로 몸을 보신하고 병을 예방하여 치료하고 장수한다는 인식이 보편화되어 독특한 재료를 사용하는 중국 요리는 '불로장수'의 사상과 연결되어 발전해 왔기 때문에, 먹는 것을 아주 중요하게 생각하고 있다.

1) 중국의 식생활 문화

동북아시아에서 중앙아시아에 이르는 광대한 영토, 다양한 민족 구성은 중국 요리가 다채로운 형태와 독특한 맛을 각제된 중요한 배경이 된다. 중국의 음식문화를 설명할 때 지역을 여섯 또는 넷으로 나누어 설명하는 것이 일반적이다.

(1) 북경 요리(베이징 요리)

중국 북부지역을 대표하는 요리로 북경을 중심으로 남쪽으로 산동성, 서쪽으로 타이위안까지의 거리를 포함한다.

북경은 중국의 오랜 수도로서 정치, 경제, 문화의 중심지이며 궁중 요리를 비롯한 고급 요리가 발달하여 가장 눈부신 요리 문화를 이룩하였다. 몽고족과 만주족이 가지고 들어온 산동요리와 양저우요리가 북경의 궁중요리와 잘 조화되면서 발달된 요리이다.

지리적으로는 한랭한 북방에 위치하여 높은 열량이 요구되기 때문에 육류를 이용한 튀김요리와 볶음요리가 대표적이다. 강한 화력을 이용해 단시간 내에 기름에 튀겨내는 산동식 조리법의 영향으로 음식이 대체로 바삭바삭한 느낌이 있다.

음식은 신선하고, 부드럽고, 짜거나 달지 않은 담백한 맛이 특징이다. 소맥을 비롯한 농작물, 청과물 등이 풍부하여 면류, 만두, 빙 등의 가루음식과 쇠고기와 돼지고기의 내장, 양고기, 오리고기, 어패류 등을 이용한 요리가 발달하였다.

(2) 광동 요리

중국 남부를 대표하는 요리로 광저우를 중심으로 푸젠, 차오저우, 둥장 지방 요리 전체를 일컫는다.

남부지방은 농산물이 매우 풍부하고 외국과의 교류도 빈번했던 지역이어서 일찌감치 그 요리가 널리 알려져 중국 요리라면 광동 요리로 생각되었을 정도이다.

광동 요리는 부드럽고 담백하며 기름지지만, 느끼하지 않은 특징이 있다. 특히 광저우는 16세기에 외국 선교사와 상인들이 많이 왕래하였기 때문에 지역의 음식을 국제적인 음식으로 발달시켰고, 사람들은 일찍부터 광동 요리를 칭찬하였다. 뱀, 쥐, 개, 원숭이 등을 이용한 요리가 유명하다.

광동 요리는 재료 자체의 맛을 잘 살려내는 것이 특징인데, 서구 요리의 영향을 받아 쇠고기, 서양 채소, 케첩, 우스터 소스 등을 이용한 요리도 적지 않다. 재료를 지나치게 익히지 않고 비교적 싱겁게 간을 하고 기름도 적게 쓰며, 음식의 색채와 장식에 중점을 두고 산뜻한 맛을 지닌다. 달착지근한 맛이 있으며 해산물을 이용한 요리가 많다.

광동 요리의 대표적인 음식으로는 구운 돼지고기인 차사오와 어린 통돼지구이인 피엔피루주, 광동식 탕수육인 구라오러우, 상어지느러미찜 등이 있다.

(3) 상해 요리

중부 중국을 대표하는 요리로 양자강 하류 일대의 상해, 난징, 쑤저우, 양저우 등지의 요리를 총칭한다.

따뜻한 기후로 인해 농산물과 해산물이 풍부하여 다양한 요리를 발달시켰으며, 이 지역의 특산물인 장유(醬油, 간장)를 써서 만드는 요리는 매우 독특하다.

간장이나 설탕을 이용해 달콤하게 맛을 내는 찜, 조림요리가 발달하였고, 기름기가 많고 맛이 진하며 양이 푸짐한 것이 특징이다. 모양보다 깊은 맛에 중점을 두므로 화려한 장식은 거의 하지 않는다. 대표적인 음식으로는 바닷게로 만드는 푸룽칭셰, 두부로 만드는 스진사궈더우푸와 꽃 모양의 빵인 화쥐안, 만두의 일종인 탕바오 등이 있다.

(4) 사천 요리

양쯔 강 상류의 산악지대를 대표하는 요리로 윈난, 구이저우 지방요리까지를 포함한다. 중국인에게 가장 인기가 많은 사천 요리는 마늘, 파, 매운고추, 생강 등의 향신료를 사용하는 요리가 많다. 맵고 짠 편이지만 느끼하지는 않아, 우리나라 사람들의 입맛에도 가장 잘 맞는다.

채소와 육류를 이용하여 볶음이나 찜을 한 음식이 많다. 두부와 다진 고기를 이용한 마파두부, 회교도들의 양고기 요리인 양러우궈쯔, 새우 고추장 볶음인 간사오밍샤 등이 유명하다.

2) 상차림의 종류

(1) 일상 상차림

중국 음식은 보통 짝수로 가짓수를 맞추어 음식을 내며, 한 가지 요리를 '한 접시의 몫'이라고 생각한다. 접시의 크기에 따라 보통 대(7~8인분), 중(4~5인분), 소(2~3인분)로 나누어 분류한다.

식단의 종류로는 가정식단, 연석(宴席)식단, 정식식단으로 나누어진다.

가정식단에서 4인 가족인 경우는 일품요리 두 가지에 국 한 가지로 하는 것이 보통이다.

연석(宴席)식단은 연회상을 가리키는데, 식단의 요리는 각 종류별로 4 또는 4

의 배수로 내고, 메뉴는 전채(前菜), 두채(頭菜), 주채(主菜), 탕채(湯菜), 면점(面点), 첨채(甛菜), 과일로 구성된다.

전채로는 냉채가 나오며, 다음으로는 따뜻하고 부드러운 상어지느러미(삭스핀), 마른전복 등인 두채가 나온다. 일반적으로 연회에서 탕채는 열채를 다 낸 뒤에 식사류 앞에 내지만, 삭스핀이나 제비집 등 고급재료로 만든 탕채는 연회의 중심 요리로서 두채(頭菜)라 하여 냉채 바로 다음에 낸다.

주요리는 소화기능과 입맛을 고려하여 해물요리, 고기요리, 두부요리, 야채요리 순으로 제공되며, 다음으로 탕요리(湯菜)와 함께 면점(面点)이 나온다. 북방지역 에서는 밀가루로 만드는 만두, 화권(花卷)이 주로 나오며, 남방지역은 쌀이 주가 되는 밥 종류를 먹는다. 맛이 단 첨채(甛菜)는 열채의 마지막 요리이며, 가장 마 지막으로 과일이 나온다.

요리는 연회의 성격과 종류에 따라 대개 10~15분의 간격을 둔다. 그 날의 대표 요리는 온도, 그릇에 담는 맵시, 맛 등에서 가장 신경을 써 주어야 한다.

(2) 대표절기와 음식

중국은 전형적인 농업국가로서 농사는 계절 및 절기와 밀접한 관계를 맺고 있 으며 국민들의 생활에 직접적인 영향을 미쳐왔다. 춘절, 단오, 추석이 중국의 3대 명절이다.

① 춘절(음력 1월 1일)

춘절은 중국에서 가장 중요한 명절이다. 석가모니 성불을 기리는 날로서 찹쌀, 녹두, 조, 밤, 대추 등으로 맛을 낸 라빠조우를 먹는다. 신구년이 교차하는 시간 을 교자라고 하는데, 이때 음과 같은 껀슈지아오쯔를 먹는다. 춘절 아침 제사가 끝나면 화폐모양으로 빚은 만두를 넣은 위안바오탕을 먹는다.

② 단오절(음력 5월 5일)

단오절은 찹쌀밥 속에 고기나 생선가루를 넣거나 팥고물 혹은 파인애플과 같 은 과일을 넣어 뭉쳐서 만든 밥인 쫑쯔를 먹는다.

③ 중추절(음력 8월 15일)

햇곡으로 먹을 것을 장만하는 등 우리나라 한가위와 유사하다. 보름달 모양의 과자인 위예뼁을 만들어 수박, 배 등 둥근 과일과 함께 달에 바치고 이웃과 서로 나누어 먹으며 행복을 빌어주는 관습이 있다. 위예뼁은 중국의 전통과자지만 연회식단에는 제외된다.

(3) 상차림 제안

전통적인 중국 식기는 색상과 문양이 화려하고 원색적이어서 특별한 장식 없이 자체만으로도 화려한 느낌이 든다. 그러나 이 때문에 전통적인 중국요리 외에 퓨전형태로는 잘 어울리지 않는다.

따라서 현대적 인테리어 감각과 다변화하고 있는 퓨전식 중국요리에 어울릴 수 있게 흰색 종류의 디너웨어를 사용하고, 젓가락과 나이프를 같이 놓아 한 입에 들어가기 힘들거나 질긴 요리는 잘라먹을 수 있도록 제안한다. 또한 글라스웨어를 놓아 음식과 함께 와인을 곁들여 식사할 수 있도록 한다.

테이블&푸드스타일링

테이블&푸드스타일링

3. 일본의 식문화 상차림

일본은 사계절이 뚜렷하여 각각의 계절마다 수확되는 작물에 따른 조리법도 다양하게 발달하였다. 일본요리는 서양요리나 다른 동양권의 요리에 비해 향신료를 적게 사용하고 식품고유의 맛을 최대한 살린다. 불교가 식문화에 큰 영향을 끼침으로써 절제된 식습관을 고수해 왔다.

1) 일본의 식생활 문화

눈과 입으로 먹는 일본 음식은 계절에 따라 그릇과 음식을 조화시킴으로써 음식의 맛과 아름다움을 살린다.

일본음식은 우리나라와 비슷하게 주식과 부식이 구분되어 있고, 주식으로 쌀밥을 먹으며 두부, 유부, 미소, 간장, 나토 등을 활용한 음식이 많이 있다. 음식을 만들 때 조미료는 강하게 사용하지 않고, 일본 음식 특유의 맛은 미소(일본 된장), 미림(조미 술), 가츠오부시, 다시마, 곤약, 와사비(고추냉이) 등을 사용하여 낸다.

일본음식은 지리적인 특성에 따라 관동지방 음식과 관서지방 음식으로 구별되지만, 지금은 교통수단의 발달과 요리 기술의 교류로 그 지역적인 특성이 옅어지고 있다.

(1) 관동지방 음식

관동지방의 음식은 에도(도쿄) 요리로 불린다. 설탕과 진한 간장을 사용하여 음식의 맛을 진하게 낸다. 따라서 관동지방의 조림은 짭짤하고 형태를 유지하기 어려우며 국물이 거의 없는 것이 특징이다. 생선초밥, 덴뿌라, 민물장어, 메밀국수가 대표적인 음식이다.

(2) 관서지방 음식

관서지방은 전통적인 일본 요리가 발달한 곳으로 교토의 채소나 건어물요리, 오사카의 생선요리가 주종을 이룬다. 우리나라에서는 전라도 음식이 맛깔나는 음식으로 꼽히듯이 일본에서는 관서지방 음식이 매우 유명하다. 음식의 맛은 연하면서 국물이 많고, 재료의 색과 형태를 최대로 살린다.

2) 일본의 대표적인 음식

(1) 스시(초밥)

니기리즈시(생선초밥), 마끼즈시(김초밥), 이나리즈시(유부초밥), 지라시즈시(비빔초밥), 하꼬즈시(상자초밥) 등 스시의 종류는 다양하다.

(2) 사시미(회)

자연 그대로의 담백함을 느낄 수 있는 사시미는, 관서 지방에서는 츠구리라고 불리기도 한다.

회를 접시에 담을 때에는 시각적으로도 아름답게 하고, 맛을 돋우기 위해 부재료를 곁들인다. 대개 얇게 돌려 깎아 가늘게 썬 무를 함께 내며, 여기에 색을 더하기 위해 오이나 당근으로 모양을 낸 것을 곁들이기도 한다.

회를 먹을 때에는 생선 본래의 맛을 느끼기 위해 생선 조각에 와사비를 조금 붙인 후에 간장을 살짝 찍어 먹어야 한다. 여러 종류의 생선이 있을 때에는 흰살 생선과 기름지지 않은 것부터 먹고 난 다음에 기름이 많은 생선과 붉은 살 생선을 먹어야 맛의 조화를 느낄 수 있다. 곁들여 나오는 저민 생강은 입가심 용이므로 다른 종류의 회를 먹기 전에 한 두점 먹는다.

(3) 시루모노(국)

일본요리 중에 가장 먼저 먹는 음식으로 맑은 다시를 그대로 써서 재료 자체의 향기와 풍미를 나타내는 스마시지루(맑은 국물)와 된장을 풀어 끓인 미소지루(된장국)가 있다. 미소지루를 만들 때 겨울에는 흰 된장, 여름에는 적 된장을 쓰며, 봄과 가을에는 흰 된장과 적 된장을 섞어서 쓰는 것이 보통이다. 미소지루는 국물에 두부, 미역, 채소 등의 몇 가지 재료를 첨가한다.

(4) 야키모노(구이)

야키모노는 고기, 생선, 채소를 모두 이용하며 재료의 원래 모양을 잘 살리기 위해 꼬치에 굽는 경우가 많다.

3) 상차림의 종류

(1) 대표적인 상차림

① 쇼진 요리

불교의 의식에 따른 식사를 가리키며, 본래는 불교사상을 가진 요리라고 하는 뜻을 가지고 있다. 수행 중인 승려가 일상식으로 하고 있는 것, 또 그것을 먹는 방법을 일반인이 지칭할 때 쇼진요리라고 하며, 좁은 뜻으로는 동물성 식품이 들어가지 않는 음식을 말한다. 혼젠 요리, 차가이세키, 카이세키 등의 호칭이 요리의 형태를 가리키는 것에 대해서 식사의 양식은 없고 요리의 소재나 내용을 나타내고 있다는 점에서 커다란 특징을 갖고 있으며, 다른 요리에도 많은 영향을 주었다.

② 카이세키 요리

카이세키는 본래 하이쿠(일본 전통 시의 종류)의 모임을 말한다. 처음에는 회의 끝에 술이 조금 나오는 것만으로 되어 있었지만, 에도시대에 접어들면서 요리집에서도 행하게 되었다. 또 차를 마시는 경우의 요리도 카이세키라 불렀다. 현재는 요리집이나 여관 등에서 제공되고 있는 메뉴가 있는 요리를 말한다. 혼젠 요리나 차가이세키와 같이 밥을 먹기 때문에 총채로 구성되고 있는 요리에 대하여 술을 마시기 위한 술안주로 구성되는 요리를 카이세키라고 하는 경우가 많다. 한 가지 요리식으로 제공되는 형식과, 연회 요리로 대부분의 것을 미리 차려놓고 따뜻한 음식만 제공하는 형식인 배선형식이 있다.

③ 싯포쿠 요리

싯포쿠 요리는 중세 말기에 중국으로부터 전래된 것으로, 싯포쿠란 본래 식탁을 의미하지만, 바뀌어 식탁에 놓여진 요리를 가리키게 되었다. 이것은 중국의 가정식 요리이고, 큰 접시에 수북이 담겨 나온다. 고급화된 것은 큰 것이 9종, 작은 것이 16종이다.

④ 후차 요리

후차는 사람들이 모여서 차를 마시는 것을 가리키고, 그 후에 먹는 식사를 비롯해서 절에서 제공하는 손님요리를 가리킨다. 후차 요리의 특성은 채소를 주재료로 하여 기름과 갈분을 사용한 중국풍의 요리이다. 중국풍의 공동식탁 방식인 4인이 2사람씩 마주보고 앉고, 하나의 접시에 담아진 요리를 덜어먹는 방식이다.

(2) 대표절기와 음식

① 간탄

우리나라의 설날에 해당하며 오세치요리, 도소, 오조니 등이 대표적 행사식이다. 오세치요리는 불을 사용하지 않고 미리 만들어 찬합에 넣어두고 먹으며 오조니라는 떡국을 먹고 세주를 마신다. 자식의 번성과 풍년 등을 기원하는 의미로 산에서 나는 것과 바다에서 나는 것 등을 식재료로 사용한다.

② 단고마쓰리(5월 5일)

찹쌀, 멥쌀, 칡가루 등의 재료를 긴 원추형으로 만들어 조릿대 잎 등으로 말고 골풀로 묶어서 찐 치마키와 떡갈나무 잎에 싸서 먹는 둥근모양의 가시와모치를 먹는다.

③ 기쿠노세쿠(9월 9일)

붉은 산초열매가 달린 가지를 꽂고 장수의 영약을 의미하는 국화주를 마신다.

④ 도시쿠시(12월 31일)

오래 행복할 것을 기원하기 위해 소바를 먹으며 정월을 맞이한다.

(3) 통과의례

경사의 의례로서 장수를 축하하는 것과, 남자는 생후 31일 째, 여자는 생후 32일 째를 축하하는 것, 아이가 젓가락을 처음 잡은 날, 출산과 아이의 3, 5, 7살을 축하하는 등 우리나라 통과의례보다 간소한 편이다. 현재 성년식 등을 국가적으로 성대하게 치른다. 제사는 장례제사를 제외하고는 연중 거의 지내지 않는다.

(4) 상차림 제안

일본의 상차림은 독상을 기본으로 한다. 개별식이며 젓가락만 사용한다. 정통 일본식 세팅에는 양초를 사용하지 않으며, 오미(단맛, 신맛, 짠맛, 쓴맛, 매운맛), 오색(청색, 황색, 적색, 백색, 흑색), 오법(생식, 굽는 것, 끓인 것, 튀긴 것, 찐 것)에 따른 조리법을 따른다.

검정색은 불길, 붉은색은 길조의 표상으로 경사에는 금은, 홍백의 조합을 이용해 화려하게 하고, 불교행사 시에는 흑, 백, 청, 황, 은, 홍백, 청백 등이 이용되고 있다. 지역적인 차이가 있지만, 어묵은 경사에는 홍백, 불교행사에는 청백으로 된 것이 많다.

경사에 이용하는 생선은 형, 색, 이름 등에 의해서 분류하여 사용된다. 불교행사에는 이용되지 않고, 흰살 생선을 생선회로 하여 제공된다. 또한 불교행사에서의 단백질원은 콩제품이 많아 유바, 두부, 유부, 튀김이 주로 사용된다.

일본의 상차림은 시대에 따라 변화를 거듭해 오면서 전통음식 상차림 이외에 일본식 테이블 세팅과 서양식 테이블 세팅을 조합하여 일본스타일로 상차린 것을 모던 저패니스크(Modern Japanesque)라고 한다.

제5장 테이블 코디네이트 스타일

제5장 테이블 코디네이트 스타일

스타일이란 어떠한 특정 시대의 경향을 규정지을 수 있는 양식을 말한다. 현재 스타일은 주거양식과 인테리어부분에 사용되면서 라이프 스타일이라는 뜻으로도 사용되고 있다. 이미지를 나타내는 형용사, 색채와 배색, 소재가 가진 이미지의 특성 및 형태, 시대적 양식에 따른 패턴 등을 인테리어, 음식, 소품 등으로 종합적으로 분류했다. 통일감 있는 코디네이터를 하기 위해서는 식기나 클로스 등 이미지를 일치시키는 것이 중요하다. 테이블 연출에는 클래식, 엘레강스, 캐주얼, 모던, 에스닉, 젠, 내추럴, 로맨틱, 심플, 댄디 스타일로 나눈다.

1. 클래식(Classic)

일반적으로 클래식 스타일은 오랜 전통으로 입증된 중후한 멋과 격조 높은 이미지로 정교한 장식이 많아질수록 화려해진다. 공들인 장식, 격식 있는 분위기가 특징이다. 레드와인 계열이나 갈색 계열 중심의 깊이 있는 색조합으로 중후한 이미지를 연출한다. 너무 대조적인 배합을 하지 않아야 품격을 드러낸다. 또한 골드계열의 장식, 벨벳 등 고급소재로 고급스러움을 나타낼 수 있다. 전통적인 모티브나 페이즐리 무늬 등의 장식적인 모티브가 대표적이다.

클래식

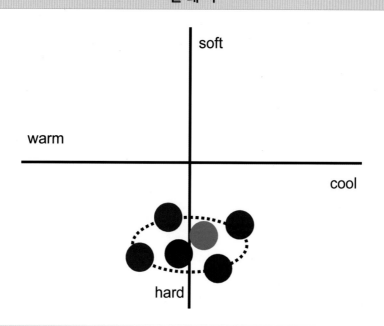

이미지	전통적인, 침착한, 중후한, 격조있는, 성숙한, 속깊은, 고전적인, 견실한, 안정된, 차분한, 원만한, 호화로운, 묵직한
색채	검붉은색, 와인색, 어두운 회색, 검은색, 다크브라운 등 갈색 중심의 진한색 등
문양	고전적, 무지, 장식적인 전통
소재	중후하고 품격있는 피혁, 고급소재의 마, 손으로 만든 직물이나 벨벳 등 고급소재, 면의 다마스크 짜임의 리넨 등
음식	갈비찜, 신선로 등의 전통적인 맛이 계승된 요리

2. 엘레강스(Elegance)

섬세하고 자연스러운 품위가 있는 프랑스의 양식미를 말한다. 기품 있고 세련된 성인여성의 품위와 아름다움을 연상시킨다. 여성스러움을 강조하기 위해 붉은 적자색이나 보라색을 기초로 색상의 수를 가급적 줄이고 전체적으로 부드러운 톤으로 분위기를 조성한다. 엘레강스한 식공간은 우아한 분위기를 중시하며 가구는 탄력적이고 부드러운 곡선을 강조한 것이 특징이다. 품질 좋은 디자인이나 실크 등의 고급소재를 사용하여 우아하고 세련된 분위기로 완성하는 것이 좋다. 또한 장식성이 풍부한 제품은 뒤집어서 세팅하는 방법도 있다.

엘 레 강 스

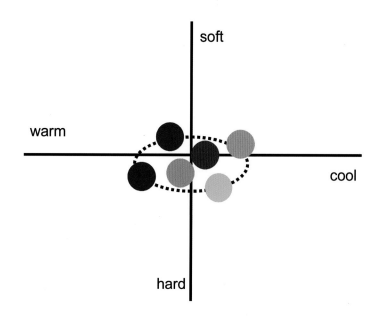

이미지	우아함, 정숙한, 멋진, 세련된, 고상한, 섬세한, 기품있는, 여성적인, 미묘한, 평온한
색채	그레이쉬 컬러를 바탕으로 온화한 색조의 세련된 그라데이션
문양	곡선의 추상적인 무늬, 윤곽이 연한 문양, 미묘한 직조의 무늬, 적당한 장식을 살린 꽃문양
소재	실크나 스웨이드 등 고급소재, 자수나 레이스 등 섬세한 느낌이 있는 상질의 소재
음식	잡채 등 손이 많이 가지만 쉽게 먹을 수 있는 한식. 우아한 장식이 많은 케이크

테이블&푸드스타일링

테이블&푸드스타일링

3. 로맨틱(Romantic)

로맨틱 스타일은 귀엽고 사랑스러움, 달콤함 등의 여성적인 느낌의 이미지이다. 엘레강스가 성인여성의 느낌이라면, 로맨틱은 부드럽고 가련한 소녀의 이미지이다. 서정적이고 감미로운 파스텔계의 연한 색으로 자연스럽게 연출하는 것이 좋다. 핑크를 중심으로 감미로운 청색에 흰색을 넣어 부드럽게 정리하면 꿈처럼 달고 부드러운 세계를 연출할 수 있다. 우아하고 사랑스러운 디자인이나 소재를 사용하는 것이 좋다.

로 맨 틱

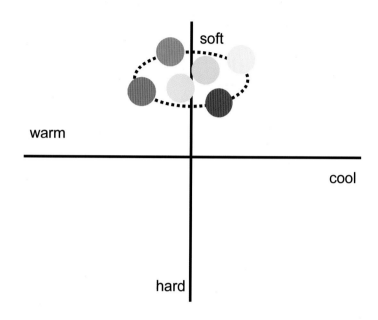

이미지	연약한, 달콤한, 사랑스러운, 부드러운, 감미로운, 귀여운, 메르헨틱한
색채	파스텔계의 연한 색상
문양	작은꽃무늬, 물방울무늬, 동화풍의 서정적이고 소프트한 느낌의 일러스트
소재	부드러운 쉬폰, 면레이스, 프릴, 파스텔 컬러의 베이비용품, 밝은 색의 바스켓
음식	솜사탕, 무스 아이스크림, 입에 금방 녹는 젤리 등 디저트 종류

4. 캐주얼(Casual)

양식이나 격식에 구애받지 않고 여러 소재를 배합하여 자유로운 발상을 연출한다. 점잖은 느낌보다는 편안하고 개방적인 느낌이 캐주얼 이미지의 포인트이다. 디자인의 규모는 비슷한 비중을 유지하는 것이 핵심이다. 기본적으로 부담없이 소품연출을 즐길 수 있다. 조약돌이나 과일을 이용하여 경쾌한 이미지를 연출하거나 다양한 색조를 혼합하여 조화를 이루는 것도 아이디어이다. 일반가정식 테이블처럼 실용적이고 편안한 분위기의 연출에 적당하다.

캐 주 얼

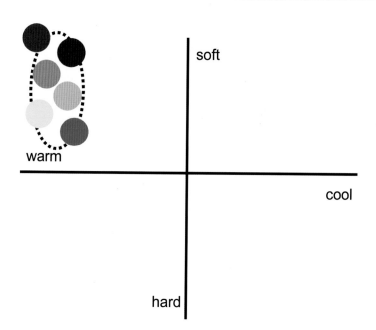

이미지	즐거운, 친근한, 귀여운, 선명한 , 대중적인, 명랑한, 유쾌한, 활기찬, 재미있는, 간편한, 건강한, 친해지기 쉬운, 산뜻한
색채	적, 청, 황, 녹 등의 컬러플한 색의 산뜻한 색
문양	물방울무늬, 큰 체크무늬, 역동적인 움직임이 있는 문양, 사람이나 동물을 모티브로 한 코믹한 무늬
소재	실용적이고 사용하기 쉬운 소재. 두꺼운 자기, 플라스틱, 고무, 나무, 비닐 등
음식	오렌지 주스, 피자, 햄버거 등

테이블&푸드스타일링

5. 모던(Modern)

모던(Morden)은 '현대의 것'이라는 뜻 그대로 그 시대의 선구적인 스타일이다. 서구적이고 산뜻한 느낌을 주는 테이블 연출방법이다. 백, 흑, 회색의 모노톤을 기초로 도회적이고 세련된 성인의 분위기를 연출한다. 특히, 빨강, 노랑 등 따뜻한 색에 악센트를 주면 드라마틱한 역동감을 나타낼 수 있다. 캐주얼이 보다 세련되고 샤프해져 캐주얼모던, 내추럴모던, 심플모던이 되었으며 자연과 인공이 융합된 지금이 가장 세련된 모던이다. 모던스타일은 장식이 배제된 단순한 기능 위주의 제품으로 쿨한 스타일의 디자인이며, 공업화가 가져다 준 고기능성과 합리성을 보다 많이 생략해 추상화한 형식으로 표현하려고 한다. 기능적이고 첨단의 감각이 돋보이는 상품들을 시도해 보는 것도 좋다.

이미지	진보적인, 현대적인, 샤프한, 인공적인, 새로운, 쿨한, 세련된, 프로감각적인, 기계적인, 날카로운, 도시적인, 숭고한, 치밀한, 도회적인
색채	화이트, 블랙 등의 무채색, 무기질의 차가운 색, 다크블루 톤 등 푸른계열의 하드한 색
문양	기본적으로 민무늬 무늬가 있는 경우 : 단순하고 직선적인 것, 기하학적이고 대담한 것
소재	자연석, 인공석, 금속, 유리, 인공소재 등
음식	맛보다는 무채색으로 스타일링 된 음식

6. 에스닉(Ethnic)

에스닉 스타일은 각 나라 혹은 지역의 풍토를 배경으로 한 민족 특유의 양식으로 연출한다. 깊이 있는 색을 사용하여 이국적인 느낌의 연출을 하고 갈색이 깃든 배색을 사용하여 토착적인 이미지를 연출한다. 전체적으로 거친 면이 있지만 소박하고 따뜻한 느낌의 연출이 포인트이다. 민속적·전통적 개념으로 복잡한 기계와 상업성에서 벗어나 간결함을 추구하는 것이 목적이다. 화려하고 강렬한 색상과 무늬로 자연스러운 소품의 사용이 가장 큰 특징이다.

에스닉

이미지	와일드한, 야생적인, 힘찬, 튼튼한, 에스닉한, 활동적인, 다부진, 이국풍의, 토착적인
색채	흙에 가까운 나무색깔, 내추럴컬러, 원색
문양	러프한 나무결, 바위결 무늬, 민족풍 무늬
소재	도기, 철, 주물, 두께감이 있는 소재 대나무 제품, 천연목, 칠기
음식	다양한 열대과일과 잎사귀로 장식한 음식 라이스 페이퍼, 베트남 쌀국수, 화지타 등 지역성을 살린 음식

7. 젠(Zen)

1990년대 유럽에서 시작되어 서양에서 본 동양사상으로 명상, 절제, 정갈함, 고요함 등으로 표현된다. 기본적으로 서양의 테이블에 일본감각의 물건을 매칭시키는 방법을 나타낸다. 은은한 느낌의 식기를 사용하며 나무젓가락의 활용이 돋보인다. 절제의 미를 추구하며 흙과 나무 등을 센터피스로 활용한다. 젠은 외형을 강조한 테이블의 연출보다는 자연스런 단순미로 편안함을 강조하는 것이 특징이다.

젠

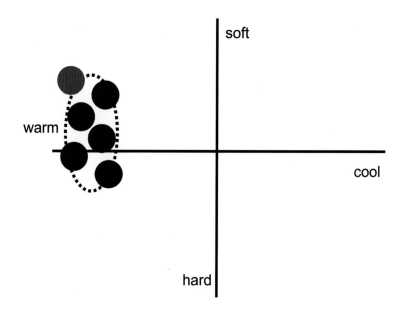

이미지	일본풍의, 풍류의, 수수한, 깊은, 정숙한
색채	블랙, 다크그레이의 무채색 계열 밤색, 카키색, 겨자색, 보라색
문양	일본고래무늬, 와풍무늬
소재	대나무, 자갈, 갈대와 같은 자연소재. 바닥이 오글오글한 비단이나 기운 천 등의 러너, 코스타
음식	일식 레스토랑

테이블&푸드스타일링

8. 내추럴(Natural)

내추럴이란 마음이 평온하고 온화해지는 분위기를 의미한다. 도회적인 모던 감각과는 대조적으로 자연이 가지는 따뜻함, 소박함을 표현하여 마음이 누그러지는 편안한 이미지를 표현한다. 자연과의 조화에 역점을 둔 자연주의 스타일은 주거공간에서도 부담스럽지 않은 편안함을 표현하고 있으며, 나무나 패브릭 소재의 소품, 핸드메이드 제품 등 자연소재로 공간을 연출하는 것이 좋다.

내 추 럴

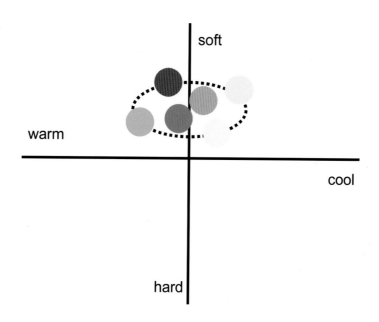

이미지	평화로운, 느긋한, 소박한, 목가적인, 온화한, 가정적인, 자연의, 태평스러운, 자유로운
색채	베이지나 아이보리 계통, 그린계
문양	무지나 무지풍의 무늬, 풀이나 나무를 모티브로 한 문양
소재	소박한 도자기류, 단순하고 부드러운 터치의 체크, 마, 면 등
음식	만두국, 백설기, 프랑스의 바게트 등

9. 심플(Simple)

심플이란 상쾌하고 청결하고 싱싱한 이미지이다. 화이트, 블루, 그린 등 한색계의 색을 조합하여 상쾌함을 연출하고 깨끗한 질감의 것이나 심플한 형상의 것을 조합한 산뜻한 분위기의 통합이다. 불필요한 장식을 없앤 산뜻한 이미지로 차가운 색과의 색 조합이 바탕인 젊은 감각의 이미지이다.

심 플

이미지	간결한, 간소한, 산뜻한, 촉촉한, 담백한, 깨끗한, 젊은, 싱싱한, 청초한
색채	블루나 화이트를 바탕으로 상쾌하고 산뜻한 배색
문양	민무늬, 단순한 스트라이프, 체크, 기하학적 무늬
소재	단순한 직조의 목면, 마, 알루미늄, 아크릴, 실버 등
음식	생수, 차갑고 매끄러운 디저트 등

10. 댄디

댄디는 '멋쟁이', '신사'라는 뜻으로, 안정된 생활과 지성적이고 고상한 이미지를 말한다. 고급스럽고 전통미가 있으며 세련되고 격조 높은 감각으로 연출한다. 18세기 영국에서 시작하여 우아하고 세련된 생활태도를 대디즘이라 한다. 어두운 색조를 기본으로 지나친 형식은 탈피하고 강한 액센트를 주는 것이 특징이다. 장식이 없거나 간결한 소품을 사용한다.

댄 디

이미지	품위, 안정감, 강함, 깔끔한, 고품격
색채	짙은 회색, 짙은 녹색, 진갈색, 올리브 그린 등 탈색 계통
문양	기하학적 무늬, 추상적인 무늬
소재	가죽옷, 두꺼운 목재 등
음식	스테이크, 갈비 등

제6장 푸드 코디네이트

제6장 푸드 코디네이트

식품영양학적 지식을 바탕으로 조리와 음식, 이를 위한 푸드 스타일과 식공간 연출, 테이블 웨어와 식사방법 및 테이블 매너에 이르기까지 상대방에 대한 예의를 갖추며 배려하는 마음을 가지고 음식문화 산업의 흐름을 주도하는 일의 총칭이다. 푸드 코디네이션은 그 외래어에서 나타나듯이 서양과 일본에서부터 체계화되어 왔다. 우리나라의 경우 손님을 극진히 모시는 미풍양속과 어른을 모시고 상차리던 일이 당연하였던 우리나라는 일상의 상차림에서부터 회식이나 잔치 상차림에 이르기까지 맛있는 음식을 정성으로 준비하고 적당한 그릇에 담아 때와 장소에 맞는 상차림을 실천해 왔었다고 할 수 있다. 급속한 산업화와 경제의 발전과 함께 핵가족화 하며 바쁘게 돌아가는 현실 속에서 한 박자 쉬어 가는 여유가 필요하게 되면서 최근 푸드 코디네이션이나 테이블 세팅, 식공간 연출 등에 대한 관심이 커지는 것은 당연한 일이라 생각된다.

1. 푸드 코디네이션과 푸드 코디네이터

1) 푸드 코디네이션

복잡한 현대의 생활 속에서 코디네이션(coordination)이라는 단어가 많이 사용되고 있다. 코디네이션은 다양하게 펼쳐진 요소의 우선순위를 고려하여 조화롭게 배열하고 정돈된 상태를 만들며 완성도 있게 보일 수 있도록 하는 것이다. 푸드 코디네이션은 푸드 코디네이터라는 말과 함께 쓰이기 시작하였으며 식품영양학적 지식을 바탕으로 식품과 조리, 테이블 웨어와 식공간 연출, 식사방법 및 테이블 매너에 이르기까지 상대방에 대한 예의와 배려와 함께 음식문화 산업의 흐름을 주도하는 작업이다. 푸드 코디네이터는 창조적인 사고를 가진 사람으로 인간과 인간, 인간과 사물, 인간과 일을 연결하고, 관계를 정돈·배치하는데 있어 진심으로 상대방을 배려하며, 세심하고 사랑하는 마음으로 쾌적하고 환대하는 분위기를 창조하는 사람이다. 또한 음식과 공간을 통해 스트레스를 발산하고 기분을 전환시키며 친절하고 즐거운 마음과 베푸는 마음을 전하여 사람들 사이의 유대관계를 돈독히 해주는 일을 한다. 그러므로 푸드 코디네이터는 음식에 관련된 전반적인 일을 담당하는 사람을 의미하며 요리연구가, 테이블 코디네이터, 푸드 스타일리스트, 레스토랑 프로듀서, 라이프 코디네이터, 소믈리에, 플로리스트, 그린 코디네이터, 파티 플래너 같은 명칭으로 식공간 창출을 위해 활동하고 있는 사람들이라고 말할 수 있겠다.

2) 푸드 코디네이터

푸드 코디네이터는 사람과 사람을 연계할 수 있는 능력을 길러야 한다. 또한 사람과 사람의 관계 형성, 자신의 일에 대한 프로의식을 가지고 있어야 하겠다. 푸드 코디네이션은 미국이나 유럽에서는 이미 정착된 개념으로 요리만 전담하는 메뉴 플래너, 조리된 음식을 조화롭고 예쁘게 담아내는 푸드 스타일리스트, 주변의 소품들을 담당하는 프롭 스타일리스트(prop stylist), 제과·제빵 스타일리스트 등의 전문분야로 세분화되어 있다. 또한 일본에서는 푸드 코디네이터들이 활동영역에 따라 푸드 스타일링, 테이블 데코레이션, 플라워 어레인지먼트, 파티플래닝, 케이터링 등의 전문분야에서 활동하고 있다.

(1) 전문 지식

각 나라의 요리에 관한 역사 및 문화에 따른 식문화에 대한 전반적인 지식, 식품재료와 조리에 대한 지식과 기술, 영양지식, 메뉴계획 및 마케팅·상품 개발을 위한 푸드 매니지먼트의 지식, 식기와 디스플레이를 위한 디자인 감각과 색채의 지식, 테이블 매너, 서비스 매너 습득.

(2) 훈련과 다양한 경험

전문 지식에 대한 관련분야에서의 실전 연습과 다양한 경험을 쌓기 위한 훈련, 다양한 경험에 대하여 오감을 이용한 실제 학습과 다양한 경험에 대한 실전연습과 학습효과 습득, 다양한 공간에서 음식의 맛에 대한 독특한 체험 등을 통한 특히 좋았던 경험, 맛있었던 경험, 혹은 맛없었던 경험, 편안했거나 불편했던 경험에 대한 기록과 표현.

2. 푸드 코디네이터의 활동 영역

우리나라는 푸드 코디네이터의 역할이 아직 뚜렷이 구분되어 있지는 않다. 그러나 푸드 코디네이터는 다음과 같이 8가지 전문영역으로 전문적인 명칭에 따른 역할을 분류할 수 있다.

(1) 메뉴 플래너(menu planner)

메뉴 플래너 주요 담당 업무는 요리이다. 기획안의 테마에 어울리는 새로운 요리와 아이템에 어울리는 메뉴를 개발하고 완성된 요리를 그릇에 담아내는 일을 돕는 사람이다.

(2) 푸드 스타일리스트(food stylist)

음식을 만들거나 혹은 이미 만들어진 요리를 보다 맛있어 보이도록 요리에 시각적인 생명을 불어넣는 전문가를 말한다. 요리와 주변을 소품으로 아름답게 꾸며 쾌적한 분위기에서 음식의 맛을 즐길 수 있도록 연출하여야 한다. 따라서 유능한 푸드 스타일리스트는 식품영양학적 지식을 바탕으로 요리에 대한 지식과 색채를 기본으로 하는 디자인 감각이나 공간예술에 대한 감각도 가지고 있어야 하겠다.

푸드 스타일링을 할 때 고려해야 할 4가지 요소는 다음과 같다. 첫째, 소재의 점, 선, 면의 조화를 고려한다. 모두를 고려하기 어려우면 점보다는 선, 선보다는 면의 중요성을 고려하여야 한다. 둘째, 식기, 테이블, 린넨과 음식 등 소재를 통일한다. 겨울에는 린넨과 식기를 따뜻한 분위기의 소재로, 여름에는 시원한 분위기의 소재로 연출한다. 셋째, 색감의 조화를 고려한다. 넷째, 음식과 담길 식기 등의 세밀한 부분(detail)을 추가하여 푸드 스타일링을 완성한다. 즉 푸드 스타일리스트는 음식 재료의 특성을 최대한 살릴 수 있고, 음식이 카메라 앞에서 가장 아름답게 보일 수 있도록 만드는 예술가라고 할 수 있다.

(3) 테이블 코디네이터(table coordinator)

식문화를 고려하여 테이블 위에 올라오는 모든 것들의 색, 소재, 형태 등을 목적이나 테마에 맞게 기획하며 구성하는 전문가이다. 테이블 코디네이터는 음식과 주변 환경과의 조화를 고려할 수 있는 테이블 코디네이션의 전문가로서 보다 편안하고 아름다운 장소에서 보다 맛있는 식사를 할 수 있도록 공간과 식탁을 디자인하는 식공간 연출가이다.

(4) 플로리스트(florist)

기획안과 테마에 어울리는 꽃을 선별하여 연회장이나 특별한 행사의 분위기에 어울리는 플라워 디자인을 계획하고 세팅하는 전문가이다. 플로리스트는 꽃꽂이에 대한 전문지식을 기본으로 그날의 요리, 행사의 목적과 분위기에 어울리는 꽃장식을 담당한다.

(5) 파티 플래너(party planner)

고객의 파티 주제에 맞추어 기획부터 진행까지의 총연출을 담당한다. 파티 플래너는 모임의 목적이 돋보이도록 음식메뉴와 제공방법을 기획한다. 즉 파티를 위한 공간과 시간을 경영하고 총관리 진행한다.

(6) 레스토랑 프로듀서(restaurant producer)

개업 예정인 레스토랑의 컨셉 설정부터 메뉴플래닝, 접객서비스 방식, 개업식을 위한 이벤트행사나 메뉴 시식회 등과 관련된 일들을 총괄 기획하고 연출하는 사람을 말한다.

(7) 티 인스트럭터(tea instructor)

차와 관련된 전문가이다. 차의 종류와 차 준비하는 법, 마시는 법 등 차에 관한 전반적인 지식과 차와 어울리는 디저트, 차를 이용한 다양한 응용 차를 소개하는 전문가이다. 최근 국산 차에 대한 관심이 커지면서 다도에 대한 관심이 높아져 교양과 예절로 다도를 교육하는 기관들이 늘어나고 있다.

(8) 푸드 라이터(food writer)

요리 레시피, 푸드 스타일 혹은 테이블 코디를 소개하거나 기사를 쓰는 사람이다. 외국의 요리 관련 기사나 식문화를 신문이나 잡지에 소개하는 일을 한다. 위와 같이 다양한 전문분야에서 활동하는 푸드 코디네이터의 역할을 요약하면, 요리 기술 전반에 대한 지식을 가지고 요리 개발, 테이블 코디네이션, 점포의 개발 및 경영 컨설팅, 이벤트, 파티, 연회 기획, 라디오, 텔레비전 방송 기획, 요리책, 잡지 등의 출판물 기획 및 연출의 일을 담당할 수 있는 종합 예술인을 의미한다. 또한 식품회사 마케팅, 식기, 조리기구, 주방기기를 개발·제안하고 식재 개발, 판매 촉진에 관여하기도 한다.

3. 푸드 코디네이션의 전망과 발전 방향

21세기를 향한 미래의 푸드 코디네이션의 방향은 여성의 사회생활이 당연해지고 슬로우 푸드의 중요성이 함께 어울려, 단체급식과 외식산업에서도 쾌적한 환경에서 준비한 것처럼 위생적이고 미적·영양적으로 조화로운 음식을 추구하는 시대에 부응할 것으로 생각된다. 시대가 변하고 추구하는 푸드 코디네이션의 방향으로 가더라도 먹기 쉽고, 서비스하기 쉽고, 아름다움을 추구하는 기본적인 생각은 바뀌지 않을 것이다. 이에 영양과 건강, 음식의 위생 안전성과 건전성, 새로운 기능성 식품 등의 이용방법에 대한 정보제공이나 어드바이스를 담당하는 것도 푸드 코디네이터의 새로운 업무분야이며, 미래에는 건강지킴이로써 식문화를 선도하는 푸드 코디네이터의 역할이 기대된다.

1) 미래의 푸드 코디네이터 경향

- 종래의 고전주의적 양식, 동양주의적 양식에 전통주의적 양식이 더해진다.
- 신동양주의(new orientalism)적인 분위기를 더한다.
- 포멀(formal)과 캐주얼(casual)이 어우러진 코디네이션을 추구한다. 현대는 남녀의 입장이 대등해지고, 빠르고 간편한 것을 추구하면서 전통적인 포멀 세팅(formal setting) 보다는 캐주얼이 가미된 세미포멀(semi formal) 식탁 연출이 많아지고 있다.
- 중국이 경제대국으로 떠오르며 세계는 아시아에 주목하고 있다. 색다른 자재 등을 사용하여 만든 베트남 제품이 유행하고 있으며, 태국의 실크류, 봉제기술, 발리섬의 대나무가 이용되고 있다.
- 친환경적 코디네이션을 추구한다.
- 간소화된 식탁을 추구한다. 20세기 말은 다중색의 컬러풀한 진한 색감이 사용된 19세기 말과 대조적으로 모던 이미지에서 정착한 단색적인 모노크롬계

가 인기를 끌면서 플라스틱 등의 투명감 있는 소재가 유행하고 인공적인 감각이 주류를 이룬다. 최소한의 선을 강조하며 최소량을 정하여 전개되는 심플주의는 인테리어나 코디네이션 전 분야에 각광받게 된다. 예를 들어, 커트러리(나이프, 포크, 스푼 등)도 과거의 화려한 문양에서 간결한 선을 강조하는 등 극단적인 단순미를 추구하게 된다.

- 젠(Zen) 스타일 식탁이 관심을 끈다. 19세기 말의 그림이 재패니즘이었다면 20세기는 식탁의 재패니즘 현상이 일어나 일본풍의 젠스타일(zenstyle)이 크게 각광받게 되었다. 19세기 곡선주의에서 20세기 직선이 강조되면서 접시와 볼 등도 단순한 문양과 형태에 자연미가 첨가되어 나타난다. 자연적이면서 심플한 분위기를 존중한 것의 결과일 것이다. 젠은 '선'의 일본식 발음으로 정결하고 고요한 느낌, 절제미와 단순이론을 추구하며 동양적인 간결한 여백의 미를 중요시하는 단정한 이미지 스타일을 말한다. 20세기 후반 동양의 정통 공간미를 추구하는 오리엔탈리즘과 서양의 미니멀리즘의 중성적인 멋을 살리는 것에서 젠스타일이 생겨났다. 이 새로운 흐름은 자연주의 흐름과 맞물려 신세대 젊은 층뿐만 아니라 청장년층에도 강하게 어필되고 있다.

4. 푸드 컬러 & 디자인

푸드 코디네이터의 목적은 인간의 오감(시각, 후각, 미각, 청각, 촉각)을 통하여 음식 맛의 효과를 극대화시키고자 하는 것이다.

오감 중에서도 가장 먼저 음식을 접하는 감각은 시각이며, 시각은 가장 먼저 음식을 접하는 것으로 색채와 디자인을 통하여 음식의 미각 인식 이전의 학습된 맛과 상상력의 조화를 수반하게 된다. 즉 음식의 색채와 디자인은 식욕증진, 감퇴 음식의 상태, 신선도를 판단하는 기준이 된다.

1) 색의 이미지 표현

(1) 빨간(red)

- 빨간색은 따뜻함, 관능, 정열을 상징하는 반항과 잔인함을 상징한다.
- 순색들 가운데 가장 식욕을 돋구는 색이 빨강색이며, 달콤하고 잘 익었다는 느낌을 준다. 다만, 어두운 빨강은 자주와 비슷하여 식욕을 돋우지는 못한다.
- 패스트 푸드점이나 음식점에서는 빨강을 주조색으로 많이 사용되며, 소비자에게 식욕과 활기를 주어 빠르게 테이블 교체를 가능하게 한다.
- 음식 : 토마토, 딸기, 체리, 수박, 해산물, 사과 등

(2) 분홍색(pink)

- 분홍색은 달콤함, 부드러움, 사랑스러움을 상징한다.
- 분홍 음식재료들은 우리 신체 중 생식기에 영향을 미치기 때문에 중국 한의학에서는 생식기에 문제가 있는 사람들에게 복숭아 분말을 처방한다고 한다.
- 음식 : 복숭아, 허브티나 홍차 등

(3) 노란색(yellow)

- 노란색은 빛나는 생명력을 상징하는 색으로 열성, 명랑함, 힘찬 느낌을 준다.
- 소비자의 시선을 집중시키기 위해서는 검은색과 배치하는 것이 좋다.
- 노랑은 신맛과 달콤한 맛을 동시에 느끼게 하여 식욕을 촉진시키며 시각적으로 음식의 맛을 향상시키는 역할을 한다.
- 음식 : 유자, 바나나, 파인애플, 옥수수, 보리, 현미, 꿀, 버터 등

(4) 주황색(orange)

- 주황색은 따뜻함, 불, 햇살, 빛 등을 연상시킨다.
- 달콤한 맛과 부드러운 맛을 강하게 느끼게 하는 색은 주황색 계통이다.
- 음식 : 오렌지, 살구, 귤, 생강, 감 등

(5) 갈색(brown)

- 갈색은 전통적, 중후, 성숙한 느낌을 준다.
- 맛이 가장 강하며 향도 진한 색이다.
- 음식 : 밤, 식빵

(6) 흰색(white)

- 흰색은 깔끔하고 깨끗한 느낌을 주며 담백한 맛과 짠맛을 느끼게 한다.
- 흰색 식기에 음식을 담으면 음식의 색을 원색으로 반사시켜 식욕을 느끼게 만든다.
- 음식 : 두부, 두유, 쌀, 밀가루, 인삼, 흰살생선, 요구르트 등

(7) 초록색(green)

- 초록색은 주로 신선한 야채나 과일을 연상시키고 사람의 눈에 가장 인식하기 쉽다.
- 녹색은 상큼한 맛을, 어두운 녹색은 쓴맛을 느끼게 된다.
- 초록음식은 체내의 혈압과 산 및 알칼리 수준에 뛰어난 효과를 나타낸다.
- 초록 : 청포도, 키위, 완두콩, 브로콜리, 오이, 허브, 녹차 등

(8) 보라색(purple)

- 보라색은 신비롭고 독특한 느낌으로 달콤한 맛보다는 쓴맛과 동시에 음식이 상한 느낌을 준다. 다만, 색상의 미각표정은 질감과 일체가 되어 매력을 더해준다.

- 음식 : 블루베리, 포도, 순무, 가지 등

(9) 검정색(black)

- 죽음, 애도, 슬픔, 고독 등의 느낌을 준다.
- 와인이나 초콜릿과 같은 고급스런 느낌의 제품에 종종 쓰여 고급스럽고 모던한 분위기를 연출하나 쓴맛과 부패한 느낌을 주며 음식의 맛을 느낄 수 없게 한다.
- 음식 : 검정깨, 표고, 초콜릿, 코코아, 흑미, 다시다 등

2) 색과 미각 이미지

색	미각 이미지
빨간색	달다, 영양분 있는, 진한, 신선한
적자색	따듯한, 진한
봉숭아색	달다, 부드러운
노랑색	영양분 있는, 맛있는
초록색	신선한
파란색	시원한
갈색	맛없는, 딱딱한, 따뜻한
황록색	산뜻한, 시원한
흰색	영양분 있는, 산뜻한, 청결한, 부드러운, 시원한
회색	맛없는, 불쾌한

3) 색채와 맛

(1) 식품의 색에 대한 선호도

식품의 색에 대한 선호도를 살펴보면 주황색과 빨간색을 가장 선호하고, 그 다음으로 노란색, 연두색, 초록색의 순이다. 반면 갈색, 파란색, 보라색은 싫어하는 색으로 나타났다.

(2) 식욕과 색채의 관계

식욕과 색채의 관계를 살펴보면 빨간색, 주황색, 갈색은 식욕을 돋구어주는 색으로 알려져 있다. 또한 토마토나 당근의 빨간색은 녹색의 파슬리나 양상추에 의해 신선하게 보이는 효과가 있다.

색과 식욕은 서로 직접적인 연관이 있으며 색자극에 의한 반응도 이미 알려진 사실이다. 예를 들어, 밝고 따뜻한 색(빨강, 주황, 노랑)은 소화를 포함하여 인간의 자율신경계를 자극하는 반면, 부드럽고 차가운 색은 자율신경계를 이완시킨다. 또한 새나 동물에게도 붉은 계통과 노란색 계통의 빛은 배고픔을 자극하고 파란색이나 초록색은 배고픔을 억제한다.

제7장 식테이블 연출과 플라워

제7장 식테이블 연출과 플라워

1. 센터피스란 무엇인가

센터피스(Centerpiece)는 식탁의 '중앙부'와 '형태를 놓는 것'이란 낱말이 합성된 단어이다. 일반적으로 꽃으로 만든 센터피스가 가장 널리 쓰이며 사랑받고 있지만, 경우에 따라서는 돌, 조개, 과일, 말린 꽃, 양초 그 외 다양한 물건으로 사용할 수 있다. 또한 테이블에 꽃을 마음대로 놓는 행위라고도 말할 수 있다.

1) 센터피스의 유래와 목적

센터피스의 역사는 오래되지 않는다. 유럽에서 왕후귀족이나 지역유지가 부와 권력의 자랑을 위해 많은 사람을 초대하여 정찬식사를 할 때 테이블 위에 고급 은제나 도제로 된 호화로운 장식물을 가득 놓아두고 즐기던 관습이 오늘날의 센터피스가 되었다. 러시아에서는 식습관에 따라서 중앙 공간이 비게 되자 소금, 후추, 설탕 등이나 귀한 과일류를 'nefu'(배라는 뜻)라는 그릇에 놓았는데, 그것이 센터피스의 역할을 하기도 하였다. 이 후 동양에서 꽃이 들어오면서 꽃으로 중앙을 장식하여 오늘날 일반적으로 센터피스라고 하면 꽃의 장식을 생각하게 되었다. 따라서 아름다운 유리 장식품이나 도기인형, 동물이나 작은 새 등을 센터피스로 이용하여도 좋다.

유리잔과 함께 센터피스는 입체감을 나타내는 큰 역할을 하는데, 테이블의 중앙 또는 주변에 올 수 있다. 센터피스는 식욕을 돋우며, 이야깃거리를 만들어주며, 마무리의 의미를 담고 있기도 하다. 일반적으로 센터피스로 많이 놓이는 것에는 과일, 계절 꽃의 아트플라워 디자인, 촛대(candle stand) 등이 있다.

센터피스는 테마를 표현하고 테이블의 높이를 강조하는 역할을 하며 테이블의 1/9 정도 크기를 넘지 않아야 적당하다. 높이는 앉아서 보기에 부담스럽지 않은 높이로 25cm를 넘지 않도록 하고 눈높이를 가리지 않아야 한다. 높이가 약 45cm 이하로 높게 할 경우는 적은 송이의 꽃을 한 두 송이 높게 꽂아 센터피스 사이로 보게 하는 경우도 있다. 센터피스는 주로 생화를 많이 이용하는데, 이는 계절감을 표현할 수 있고 색감을 변화시키며 꽃의 형태에 따라 식사 분위기를 편안하고 아름답게 할 수 있기 때문이다.

2) 센터피스의 구성요소

생화를 이용하여 테이블 세팅을 마무리 하는 센터피스는 디자인을 할 때 재료의 선택이나 제작과정에서 절대 법칙은 없다. 그러나 플라워 디자인도 모든 디자인 원리인 균형, 리듬, 강조, 조화, 비율 및 규모 등을 고려하여 디자인한다. 다음은 센터피스의 7구성요소이다.

〈표 7-1〉 구성, 균형, 리듬, 강조, 통일, 비율, 조화

구성요소	의 미
구성 (composition)	주위 배경과의 짜임새 있는 관계로 꽃을 꽂기 위한 설계도이다. 의도하고 있는 형태로 표현하되, 기본원칙에 따라 꽂아야 한다.
발란스 (balance)	일정한 중심점에서 양쪽이 평형을 이룬 상태이며 디자인에서 가장 중요한 원칙이다. 대칭적 균형, 비대칭적 균형, 방사형 균형이 있다. • 대칭적 균형 : 양쪽을 거울처럼 같게 규칙적, 정식적, 수동적인 균형 • 비대칭적 균형 : 시각적 균형, 자연스럽고 융통성 있는 능동적 균형 • 방사적 균형 : 중심의 주위가 원을 이룬 곳에서의 중심 균형
리듬 (rhythm)	리듬은 연속성, 재현 또는 율동의 조직을 말한다. 리듬 혹은 율동은 조직화된 시각적 움직임으로 반복, 점진, 대조나 대비 등을 통해 단일성과 다양성을 나타낸다. 색이나 질감의 반복으로 리듬감을 줄 수 있다.
강조 (accent)	디자인에 주어지는 강세로서 강조가 없으면 단조롭다. 강조는 우세성(촛대나 휘기어류)과 부수성(식탁보 등)을 고려한다.
통일(unity)	디자인에 속하는 부분들의 동일성, 사용된 재료와의 관계이다.
비율 (proportion)	구성요소들과의 관계와 크기로 전체에 대한 부분의 상대적 관계이다. 보통 테이블의 1/9정도 크기를 넘지 않는다.
조화 (harmony)	구성요소들이 강조와 통일을 통하여 다양성과 통일성이 혼합된 조화를 이루게 하는 원칙이다.

3) 센터피스의 기본원칙

① 꽃의 양을 지나치게 사용하지 말 것
② 향이 강한 소재는 피한다.
• 요리냄새와 꽃의 향기를 동시에 즐길 수 없기 때문이다.
• 꽃가루가 떨어지는 소재도 피한다.
• 시들기 쉬운 꽃은 피한다.

- 화기도 분위기에 맞게 선택
- 꽃의 높이가 시선을 방해해서는 안 된다.
- 꽃잎이 떨어지기 쉬운 소재도 피한다.
- 어느 쪽에서 보아도 아름답도록 표현한다.

4) 소재의 활용과 응용

센터피스는 꼭 꽃으로 만들어야 한다는 법칙이 있는 것은 아니다. 생활 주변에서 흔히 볼 수 있는 야채류나 과일, 곡식류, 야생풀, 잡초까지도 가능하다. 이런 소재들 제각기 형태와 빛깔이 특징이 있고, 이미지를 살려 어울리게만 구성하면 훌륭한 작품이 될 수 있다. 기억하고 싶은 날에는 좀 더 다양하게, 자유롭게 표현하는 것도 좋다.

5) 퓨전스타일의 센터피스

동서양이 만나는 문화 형태가 새롭게 떠오르면서 더욱 세련되고 다양한 표현을 할 수 있다. 크게 세 가지 방식으로 나눌 수 있는데, 첫째, 우리의 전통색인 오방색을 기본 컬러로 하고, 솔가지, 솔방울 등으로 장식을 하되, 양식으로 테이블을 세팅하는 방법이다. 둘째, 오리엔탈 느낌이 강한 옹기, 목기, 기와, 도자기류를 이용하여 서구 스타일의 병렬형을 기본으로 하는 방법이다. 그리고 마지막으로 원시적이고도 강렬한 색감의 화려한 아프리카풍을 과일 상차림에 적용시켜 보는 방법이다.

6) 센터피스의 창의적 표현

- 센터피스라고 해서 중앙에만 놓는 것은 아니다.

- 투명한 유리 화병 속으로 꽃과 잎이 다 들어가게 해서 마치 온실 속을 들여다 보는 느낌이 나도록 표현한다.
- 긴 타원형 센터피스에 여러 가지 과일 조각을 꼬챙이에 꽂아서 모아 꽂아두고 한 개씩 뽑아 먹도록 한다.
- 청량감과 함께 경쾌한 느낌이 나도록 물에 띄우는 부화형이 있다.
- 소반을 이용하여 작은 센터피스를 얹어 서양식 1인 식탁으로 연출한다.
- 더운 여름철에는 우리식기, 조개껍데기, 해초, 산호초로 장식, 유리구슬과 흰색 계열의 꽃으로 장식이다.
- 다양한 모양의 양초와 캔들홀더를 이용한다.
- 피크닉을 할 수 있는 왕골이나 바구니 가방에 소담스러운 꽃 장식을 활용한다.
- 케이크를 장식할 수 있는 케이크 스탠드를 이용하여 볼륨있고 규모가 큰 센터피스를 만들 수 있다.

2. 플라워 디자인과 테이블 이미지 연출

1) 플라워 디자인

화기는 주로 꽃병이나 수반을 이용한다. 바구니나 수프접시, 까만 숯이나 기왓장 등으로도 활용할 수 있다. 중심이 되는 꽃(centerflower)은 송이가 크고 화려한 것(백합, 장미, 국화, 작약 등)으로, 이런 꽃들을 중심선에서 약간 비껴 꽂는다.

응용범위가 넓은 꽃들을 일년내내 구할 수 있는 장미나 국화꽃이다. 그린(green)은 꽃과 꽃 사이의 간격을 메워주는 것으로 필러 플라워와 비슷한 역할을 한다. 그린에는 러스커스, 아스파라거스, 스프링 겔, 설유화, 복숭아가지, 매화, 사과가지 등이 있다.

플라워 디자인은 꽃이나 잎, 가지 등이 지니고 있는 특성에 따라 다음과 같이 꽃의 4가지 형태로 분류한다.

(1) 라인 플라워(line flower)

라인 플라워는 긴 줄기에 열을 지워 핀 꽃을 총칭한다. 플라워 디자인에서 선이 매우 중요하다. 곧은 줄기 선이 특징인 꽃꽂이를 할 수 있는 그라디올러스, 금어초와 같은 꽃이 라인 플라워이다. 직선 혹은 곡선의 형태를 구성하여 플라워 디자인의 기본 골격이라 할 수 있다.

(2) 매스 플라워(mass flower)

선과 함께 꽃의 양적 이미지가 중요하다. 장미나 국화 등과 같이 한 덩어리로 된 꽃이나 크고 둥근 형태의 꽃은 그 자체가 양감을 가지고 있으며, 따라서 양감을 표현하는 매스 플라워의 작품구성에 좋다.

(3) 필러 플라워(filler flower)

꽃과 꽃 사이의 공간을 채워주는 꽃으로 녹색 잎이나 잔잔한 꽃들이 좋다. 필러 플라워는 입체감을 내는데 중요하며 효과적인 활용으로 작품을 더욱 돋보이게 할 수 있다. 꽃송이는 하나하나가 매우 작고 한 줄기 또는 여러 줄기에 많은 꽃들이 피어 있는 꽃들이다. 미니장미, 소국, 안개꽃, 스타치스 등이 이에 속한다.

(4) 폼 플라워(form flower)

형태를 만들기가 쉬운 중간 크기의 꽃을 말한다. 국화, 장미, 카네이션 등이 이에 속할 수 있다. 일정한 선이나 면이 자칫 단조로워서 플라워 디자인을 할 때 액센트 표현을 해야 하는 경우가 있으며, 이 때 효과적인 꽃이 폼플라워로서 특수 형태의 꽃이다.

〈표 7-2〉 플라워 종류

명칭	특징	역할	소재	
라인 플라워 (Line Flower, 선의 꽃) 	별명 스파이크 타입. 한 가지에 길고 꽃이 붙어 있다. 중기에 운동감이 있어 확장 효과가 크다.	아우트라인을 꾸미며 어레인지먼트의 바깥선을 강조한다. 보는 사람의 시선을 중심으로 이끌고 간다.	flower	gladiolus, gentiana, golden bel, snapdragon 등.
			leaf	sanseviria, dracena, eucalyptus, yucca, new zealand flax 등.
매스 플라워 (Mass Flower, 덩어리의 꽃) 	둥글고 볼륨이 있는 꽃. 작은 꽃이나 다수의 꽃잎이 모여 한 덩어리의 꽃을 이루고 있다. 꽃잎이 몇 장 떨어져도 전체적인 형태는 변하지 않는다. 주로 줄기 하나에 꽃이 한 송이 붙어 있다.	어레인지먼트의 중심을 이루고, 전체적인 골격을 만들며, 보는 이의 시선을 중심으로 이끌고 간다.	flower	canation, marigold, rose, hydrangea, chrysanthenum, anemone, gebera, magarete
			leaf	rubber tree, potos, camellia, convallaria의 잎과 같이 동그스름한 잎.
필러 플라워 (Filer Flower, 형태의 꽃) 	하나의 줄기에도 많은 작은 줄기가 달려 거기에 작은 꽃이 많이 붙어 있는 것으로 풍성한 느낌을 준다.	라인 플라워와 매스 플라워의 조화를 돕고 어레인지먼트의 빈공간을 없애주고, 꽃과 꽃을 연결하는 역할을 하며, 전체적인 이미지를 부드럽게 한다. 어레인지먼트의 단점을 보완하며 전체에 볼륨감을 준다.	flower	baby's breath, statice, maguerute, crown daisy, patrina
			leaf	asparagus plumosus mario gladus 등과 같이 섬세하여 볼륨감을 느낄 수 없는 잎이나 가지.
폼 플라워 (Form Flower) 	꽃의 형태가 확실한 개성적인 꽃이 많다. 어느 쪽에서 봐도 그 모양이 달라 개성적이고 아름답다. 다른 형태의 꽃들보다 돋보이게 어레인지한다.	어레인지먼트의 중심 부분을 이룬다. 역동적인 느낌을 준다.	flower	cattleya, anthurium, strelizia, iris, cara, lily
			leaf	monstera, caladium, Japanese aralia의 잎과 같이 변화된 대형잎.

2) 계절감을 나타내는 컬러이미지

센터피스로 생화가 좋은 이유는 살아 있는 기를 얻을 수 있으므로 생동감이 있고, 자연에서 얻는 물건이므로 계절감을 나타낼 수 있으며, 색의 변화를 주기가 쉽다. 또한 형태도 다양하므로 여러 가지 스타일을 낼 수가 있다. 꽃이 갖고 있는 특성을 계절감 있게 식탁의 성격에 맞추어 색과 이미지를 고려한 디자인을 하면 더욱 생동감 있는 아름다운 식탁이 될 수 있다.

봄	색	노랑, 주황, 연두
	이미지	탄생과 부활의 의미, 평온, 아지랑이, 부드러운 바람
여름	색	백색, 보라, 녹색, 파랑
	이미지	청량감, 강렬, 신선, 바다
가을	색	갈색, 와인색, 열매, 곡식, 오렌지
	이미지	고요함, 우아함, 풍요로운 결실
겨울	색	빨강, 주황, 자주
	이미지	크리스마스, 신춘, 쌀쌀함, 엄격

3) 테마 식탁과 꽃

① 아침 식탁 : 작은 꽃으로 아담하게 디자인한다. 너무 화려하지 않게 한다.
② 오후 식탁 : 밝고 경쾌한 주변과 복장에 어울리는 꽃을 꽂는다. 색의 배합을 고려하여 우아하고 고상한 장식을 한다.
③ 정찬 식탁 : 포멀한 디너테이블의 꽃을 세팅할 때에는 품위와 격조를 갖추고 우아하면서도 대범하게 한다. 테이블보가 흰색이면 파스텔풍의 격조 있는 꽃색이 어울릴 수 있다.
④ 가든 테이블 : 편안한 마음으로 뜰에 피는 작고 잔잔한 꽃을 자연스럽게 꽂는다.

4) 배치방법

① 오벌(oval) 테이블 : 타원형의 테이블에는 가운데 선을 중심으로 길게 놓거나 3개 정도 늘어놓는다.

② 라운드(round) 테이블 : 정가운데 동그란 형태나 네모난 형태로 만들어 놓는다.

③ 뷔페(buffet) 테이블 : 사람이 서서 움직이므로 사람 키보다 높게 설치하는 것이 좋으며 무대 장치처럼 하는 것이 좋다. 사람들의 동선을 고려해서 다이내믹하면서도 한눈에 띄게 한다.

- 원 웨이(one way) : 왼쪽에서 오른쪽으로 가는 테이블에는 뒤쪽에 나란히 높이를 주어 장식한다.
- 아일랜드(island) : 가운데 선을 중심으로 길게 하되 높이를 달리하여 장식한다.
- 패러렐(pareallel) : 양쪽 음식이 똑같으므로 가운데 센터피스로 경계선을 만들어 준다.

5) 생화로 만드는 센터피스의 실습

작은 꽃들과 오아시스, 적당히 큰 잎, 호일 등을 이용하여 적은 비용으로 손쉽고 재미있는 센터피스를 만들 수 있다. 물에 충분히 담구어 두었던 오아시스는 꽃을 꽂을 부분만 남기고 호일로 물기가 떨어지지 않도록 싸준다. 큰 잎으로 오아시스의 옆면을 돌려서 핀이나 잎의 단단한 줄기부분으로 고정시키면 따로 화기를 준비할 필요가 없다. 작은 꽃들을 오아시스에 채우듯이 꽂는다. 몇 개를 만들어 일렬로 세워 놓거나 모아서 세워두면 특별한 솜씨가 없는 초보자들도 만들 수 있는 예쁜 센터피스가 된다. 이 때 사진과 같이 흰색의 양초에 글루건을 이용하여 장식용 선을 둘러 근사한 장식초를 만들고 하나의 꽃꽂이 중심에 꽂아 중심을 잡아주면 더욱 아름다운 센터피스를 만들 수 있다.

돔형(dome style)

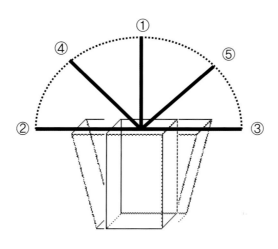

크리센트(crescent)

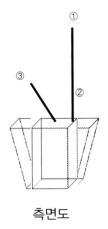

측면도

정면도

S자형(hogarth line)

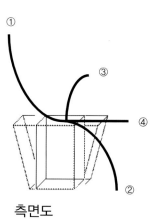

측면도

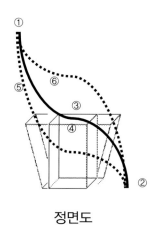

정면도

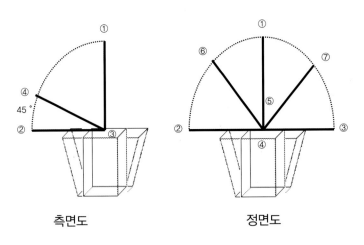

측면도　　　　　　　정면도

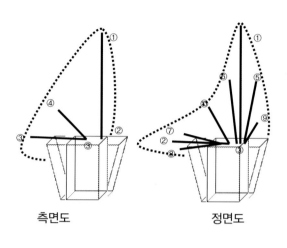

측면도　　　　　　정면도

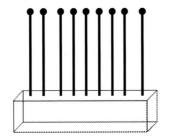
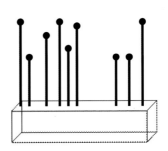

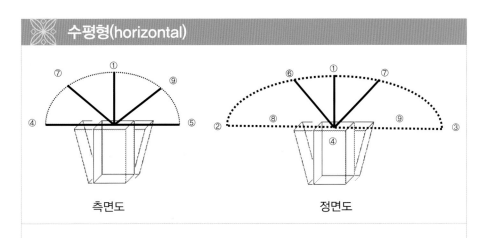

측면도   정면도

콘디자인(cone design)

역T자형(inverted 'T' style)

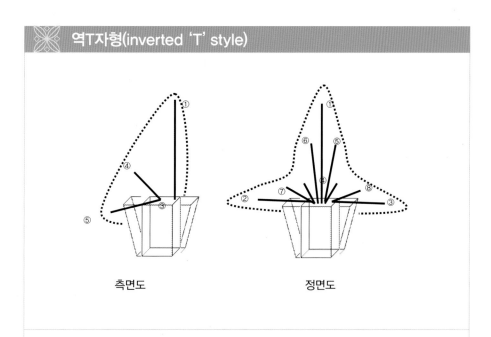

측면도   정면도

리스(table wreath)

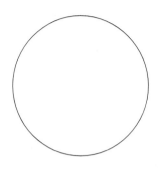

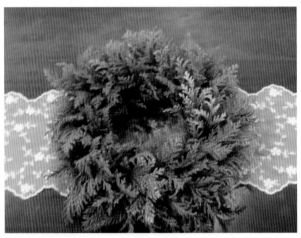

라운드(round)형

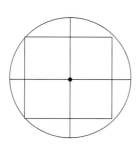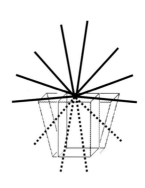

제8장 파티 플래닝

제8장 파티 플래닝

1. 파티란

파티는 사람들과의 새로운 만남으로 사전적 의미로는 "친목 도모와 기념일을 위한 잔치나 사교적인 모임"으로 정의할 수 있다. 서구사회에서 사교는 귀족들의 전유물이 아니라 지성과 교양을 가진 대중적인 서민들의 문화이다. 사교는 사람들을 만나 네트워크를 형성하고 유지하는 등 다양한 대화를 통해 즐거움을 나누는 광의의 개념을 의미한다. 이런 사교문화의 대표를 '파티'라 할 수 있다.

파티는 친척, 친구 등 소규모 모임에서부터 결혼 피로연, 생일 축하연, 행사 기념회 등 대규모의 모임을 이르는 말이다. '파티'나 '잔치'는 혼용되고 있지만, 두 단어는 독자적인 의미를 갖고 있다. 잔치는 경사가 있을 때 음식으로 손님을 대접하는 것을 뜻하며 '연회'라고도 하나, '파티'는 사교, 친목 등을 목적으로 한 모임을 의미한다.

파티는 '부분으로 나누다(part)'라는 뜻을 지닌 중세의 'partie'에서 출발하여 '한무리', '한편'을 가리켰고, 나아가 모임이나 정당의 뜻을 나타내게 되었다. 같은 마음을 가진 사람들이 따로 모임이나 정당의 뜻을 나타내게 되었다. 같은 마음을 가진 사람들이 따로 모임을 하는 것이 파티의 원형이라고 할 수 있다. 서양에서의 파티는 주최자의 의도에 맞춰 열리는 모임이다.

우리나라의 경우 파티의 개념이 들어온 것은 개화기 서양문화가 도입되면서였으나, 1980~1990년대 초까지도 파티란 여전히 생소한 단어였다. 그러나 1990년대 후반기를 지나면서 파티라는 것이 특별한 계층에 속한 사람들의 전유물에서 대중적으로 확산되고 있다. 현대의 개념으로는 사람과 사람이 모여 정보교환과 자기계발을 하고 원만한 인적 네트워크를 형성하여 이를 유지할 수 있게 해주는 중요한 문화 커뮤니케이션의 수단이다.

광범위한 범위에서 볼 때 파티는 몇 사람이 모여서 집이나 음식점 등에서 이루어지는 소규모의 이벤트로 볼 수 있다. 간단한 음식과 와인 한 병만으로도 충분하여 지인 몇 명을 초대하여 식사와 즐거운 정담을 나누는 것도 파티라 할 수 있다.

2. 파티의 역사

1) 우리나라 파티의 역사

축제의 발생 시기를 추적하는 것은 사실상 불가능하지만, 노래와 춤을 비롯한 종합예술이 함께 한 것이 축제라 본다면 제천의례는 우리나라 축제의 시초라 할 수 있다. 서양문화가 도입되기 시작한 1990년대 초 대한제국시대에 미국으로부터 들어온 호텔의 사교적 파티가 근대 파티의 시작이었다. 근대화와 더불어 결혼피로연, 기업의 파티, 상류사회의 파티 등으로 확산되어 갔다.

흔히 파티와 잔치를 혼용해서 사용하고 있으나, 두 단어의 사전적인 의미를 살펴보면, 파티는 사교, 친목 등을 목적으로 하는 모임이며, 잔치는 경사가 있을 때 음식으로 손님을 대접하는 것을 뜻하며 '연회'라고도 한다.

2) 서양 파티의 역사

파티의 역사는 파티라는 용어가 사용되기 전인 고대시대의 '눈을 크게 뜬다' 라는 의미의 향연으로 거슬러 올라간다. 고대 그리스의 향연부터 시작되었으나 오늘날의 형태를 갖춘 파티는 16세기 프랑스 국왕 앙리2세의 왕비 카트린느 드 메디치로부터 시작되었다고 볼 수 있다. 이전까지의 파티는 성대하고 극적인 요소의 연출로 일상의 식사가 아닌 이벤트적인 식사의 형태였다. 또한 파티의 주최가 남성이었던 것이 17세기 후반 이후에는 여성이 주최가 되는 살롱의 형태로 바뀌었다. 현재 사용되는 파티라는 용어는 18세기부터 등장하였고 무도회, 디너파티 등으로 일상생활에서 보다 친밀한 인간관계를 만들기 위한 수단이다.

3. 파티의 분류

1) 정찬파티

정찬파티는 파티 중에서 가장 비중이 큰 정식 파티로서 경비의 규모가 클 뿐만 아니라 사교상의 중요한 목적을 띠고 있다. 음식코스도 5코스, 7코스, 9코스 등 다양하게 가진다. 정찬파티에는 공식 만찬과 비공식 만찬이 있는데, 비공식만찬에는 평상복을 입고 참석해도 무방하다. 공식적인 파티에는 연미복이나 턱시도를 입어야 하지만 요즘은 다크슈트[1]로 대신하는 경우가 많다. 공식적인 파티 참석은 대개 초대장을 통해 이루어진다. 초대장이 오면 가능한 한 빨리 회답을 한다. 부부가 초대를 받았는데, 그중 한 사람이 갈 수 없는 상황이라면 함께 불참하는 것이 예의다. 초대한 쪽에서 재차 한 명이라도 참석해 달라고 요청해 오면 비로소 초대에 응한다. 일단 참석을 통보한 다음에는 번복하지 않는다. 도착

---

1) 블랙이나 짙은 그레이, 네이비 등의 어두운 색 정장.

시간은 초청장에 맞춰 음식을 준비하기 때문에 너무 일찍 가거나 늦게 가는 것 모두 실례가 된다. 대규모가 아니라면 식사 전 서로에 대한 소개를 끝낸다. 보통 3시간가량 계속된다.

≪인터넷동호회 "맛따라길따라" 정기모임≫
- 4월 23일(일)/등심스테이크와 와인파티/22,000원 -

두 번째로 맛길이 카페에서 준비한 와인행사입니다.

와인과 등심스테이크 풀코스가 만난 럭셔리한 디너파티에 여러분을 초대합니다.

4月 향긋한 와인과 함께하는 분위기 있는 일요일 밤으로 귀하를 초대합니다.

이국적인 분위기를 느낄 수 있는 알렉산드 레스토랑은 2005년 경상북도가 지정한 아름다운 집 '금상'에 빛나는 꽤나 분위기 있는 업소입니다. 그 아름다운 곳에서 품격 있는 등심스테이크 풀코스 정찬과 와인의 향기를 더욱 특별하게 느껴 보세요.

그동안 카페에서 몇 번의 뷔페 행사를 진행하며 제가 느낀 것은 양보하고 체면 차리다가 나중에는 아무것도 먹지 못하는 회원들이 있다는 것입니다. 맛길이 회원 여러분의 대단한 먹성입니다. 그래서 이번에는 확실히 품격도 있고 자신의 식사가 딱 준비된 등심스테이크 정찬으로 준비했습니다. 거기다가 등심스테이크에 잘 어울리는 와인 두 가지를 더 준비했습니다.

이 정도 식사를 레스토랑에서 개인적으로 즐기시려면 엄청난 가격입니다.

회원 여러분을 위한 특별 이벤트이니 이번 기회도 놓치지 마시고 꼭 참석하셔서 스스로 품격도 높이고 삶의 질도 풍요로워 지세요.

1. 일시 : 2006년 4월 23일(일요일) 18:00~20:00
2. 장소 : 경산 시지 알렉산드 레스토랑 1층
   위치 : 경산 월드컵 경기장 지나 청도방면 3km 좌측편
   업소전화 : 053-812-0097
3. 시음와인 소개
   ① 아모르 드 파리 Amour de Paris Demi-sec : 프랑스가 원산지인 스파클링 와인
      (뱅무세). 축제와 기념의 와인으로 8~10℃ 정도에서 마시며 끊임 없이 올라오는 기
      포가 마시는 기쁨을 더해주는 와인
   ② 산발리노 San Barolo : 이탈리아산 레드와인으로 약간의 단맛. 이는 식후 와인으
      로 10~12℃에서 마시며 고운 색상만큼이나 상큼한 과일 향을 내포하고 있다.
4. 메뉴 : 등심 스테이크 풀코스
5. 회비 : 1인 22,000원(맛길이카드회원 20,000원)
   입금계좌 : 대구은행 029-08-044992-5 윤수진
6. 신청마감 : 입금 선착순 80명
   주어진 좌석이 80석으로 추가신청을 받을 수 없으며 정원으로 마감합니다.
7. 카풀신청 교통편 안내
   신청하실 때 카풀이 가능하신 분은 출발위치와 시간, 연락처를 함께 올려주세요.
   예) 명덕 로타리-17시 출발-전화0505-211-2114 4자리 있습니다.

(http://blog.daum.net/diverkorea/6679124)

2) 오찬파티

정오부터 오후 2시 사이에 개최되며, 가벼운 식사가 나온다. 오찬 장소에는 정해진 시간보다 15분 정도 일찍 도착하는 것이 좋다. 저녁 때와는 달리 시간 여유가 없으므로 음식도 정확한 시간에 나온다. 늦게 도착했을 때는 그때 제공되는 음식부터 먹는다. 착석파티에서는 좌석이 정해져 있으므로 지각과 중도의 퇴실은 실례가 된다. 복장은 평복도 상관없다. 오찬의 준비요령은 만찬과 비교할 때 훨씬 간소하여, 호스티스는 손님을 맞이할 때 굳이 입구에 서있지 않아도 되며 샴페인도 사용하지 않는다. 오찬에는 보통 수프가 나오지 않는다. 술은 와인 정도가 적당하다. 1~2시간 동안 진행되며 약식 오찬일 때는 주빈이 작별인사를 하기 전에 떠나도 상관없다.

《엘리자베스 여왕의 80번째 '특별한 생일파티'》

Queen visits BBC on birthday tour

The Queen will visit two institutions the day before her birthday, which are both celebrating similar milestones.

She will tour the Royal Institute of International Affairs at Chatham House and the BBC's Broadcasting House in central London.

The Queen turns 80 on Friday

Both organisations were granted their royal charters in 1926, the same year the Queen was born.

▲ (출처=www.bbc.co.uk)

오는 21일 80번째 생일을 맞는 엘리자베스 2세 영국 여왕이 '또 하나의 특별한 생일 파티'를 열었다. 생일을 이틀 앞둔 지난 19일 자신과 같은 날 태어난 동갑내기 노인 99명을 파티에 초대한 것.

여왕은 이날 1926년 4월 21일에 태어난 노인 99명을 버킹엄 궁에 초대해 오찬을 함께 했다고 BBC가 보도했다. 오찬에 초대된 노인들은 20개의 테이블에 나눠 앉았으며, 이들 중 몇몇은 엘리자베스 여왕 내외와 한 테이블에 앉는 영광을 누렸다. 손님들은 먼저 왕실 사진 갤러리를 구경한 뒤 그랜드 팰레스 볼룸에서 풀코스의 오찬을 즐겼다.

식사 후 여왕은 참석자들에게 "오찬초대에 응해줘서 감사하고, 오는 금요일에 맞이하는 80번째 생일을 특별하게 만들어줘서 고맙다"고 말했다. 또한 참석자 모두에게 생일 선물과 함께 축하메시지를 전했다. 생애 최고의 생일상을 받은 동갑내기 노인 99명은 올해 초 지원자 추첨을 통해 선발됐다. 엘리자베스 여왕은 생일 당일인 21일 윈저성에서 찰스 왕세자 주최로 열리는 왕실만찬에 참석할 예정이다.

(CBSTV뉴스부 두윤경 기자 dallia21@cbs.co.kr)

3) 조찬미팅

　우리나라의 조찬 모임은 대개 호텔 레스토랑에서 이루어진다. 그러나 외국에서는 오찬, 만찬과 마찬가지로 집으로 초대하는 것이 상례다. 영국에서는 8시경부터, 미국은 7시 30분, 프랑스는 8시 전후에 식사한다. 우리나라의 조찬시간은 대개 7시~7시 30분이다. 메뉴는 프랑스식인 경우 빵과 카페오레(우유를 섞은 커피), 미국식은 쥬스·시리얼·계란·토스트·햄·베이컨 정도다. 영국식은 종류가 더 다양하다. 계절과일, 홍차, 커피, 베이컨, 계란, 생선요리, 양고기 버터구이, 햄, 토스트와 잼, 오트밀이나 콘플레이크 등이 제공된다.

《FORCA 한국외국기업협회 5월 31일 조찬미팅 안내》

회원님의 건승하심과 회원사의 무궁한 발전을 기원합니다.

금월 초에 전 회원사에 발송한 FORCA Journal 5월 호는 잘 받아 보셨습니까?
금월 표지모델은 최근 우리 협회에 신규 가입한 신한은행 신상훈 행장입니다. 현재 신 행장은 조흥은행과의 인수합병을 마무리하고 있으며, 내년 초부터는 900여 개의 점포를 가진 국내 랭킹 2위의 리딩뱅크로 다시 태어날 예정입니다.

먼저 지난 1, 2차 조찬미팅에 참석해 주신 회원사 여러분께 감사의 말씀을 올립니다. 잘 아시는 바와 같이 현재 우리 협회에서는 지난 4/18 이후 월초와 월말 월 2회에 걸쳐 회원 사 간에 서로 가깝게 Networking 할 수 있는 Informal 한 조찬모임을 정기적으로 갖고 있 습니다.

바쁜 업무일정이지만 소규모 조찬 모임을 통해 주요 회원사 CEO들 간의 부담 없는 만 남의 시간을 갖고 있으며, 만남의 횟수가 잦아지고 시간이 조금 더 경과하게 되면 그동안 제시된 회원사의 목소리를 취합하여 협회 운영에 최대한 반영할 생각입니다.

이에 사무국에서는 아래와 같이 '3차 FORCA Breakfast Meeting'을 갖고자 하오니 시 간이 허락하시는 분은 아래 일정을 검토하신 후 5/27(금)까지 참석 여부를 컨펌해 주시기 바랍니다.

- 일 시: 2005. 5.31(화) 07:30~08:30
- 장 소: 청담동 프리마호텔 신관 9층 옴니버스홀
- 대 상: FORCA 전 회원사 CEO

(http://www.forca.org/cgi/news.cgi?cmd=view&r_no=92)

4) 칵테일파티

칵테일파티는 각종 주류와 여러 가지 음료를 주제로 하고 음식은 오드 볼, 카나페를 곁들이면서 입식형식으로 행하여지는 파티이다. 칵테일파티는 정찬 파티에 비해 비용이 적게 들며 지위고하를 막론하고 자유로이 이동하면서 자연스럽게 담소할 수 있고, 참석자의 복장이나 시간도 별로 제약받지 않기 때문에 현대인에 더욱 편리한 사교모임 파티이다. 카나페란 오르되브르의 일종으로 식전음료나 칵테일파티의 안주로 많이 제공된다. 오픈 샌드위치와 같은 다양한 모양으로 얇고 작게 자른 토스트 위에 거위 간, 케비어, 훈제연어, 치즈, 햄 등을 예쁘게 장식해 은쟁반에 담아 내놓는데, 카나페는 손으로 집어 먹는다.

칵테일파티 사례

《인터넷동호회 "맛있는 서울" 발렌타인데이 칵테일파티》

발렌타인데이가 눈앞인데 아직 초콜릿 줄 사람이 없다구요?
초콜릿 받지 못한다구요?
올해는 이빨 썩어도 좋으니 단 것 좀 먹어보자구요.

- 일시 : 2006년 2월 12일(일) 시간 오후 5~8시
- 장소 : 서울시내 어느 칵테일 또는 와인 바(신청인원에 따라 장소 선정)
- 회비 : 3만원
- 신청 : 꼬리글[이름/연락처] 〉 문자로 입금계좌 보내드립니다.

국제 바텐더대회 1위에 빛나는 칵테일 쇼도 함께 합니다.

드레스코드 : 블랙 & 레드
참여자격 : 남녀 20~35(애인 있어도 참여 가능. 들키지만 않는다면)
동행 가능하며, 신청자가 많을 경우 최대한 남녀 비율을 맞추도록 하겠습니다.

2월 8일(수) 자정까지. 최소 30명 이상이어야만 진행 가능함을 알려드립니다(많이 참여
하셔야 통째로 빌릴 수 있는 것 아시죠?).

(http://cafe.daum.net/foodg)

5) 가든파티

  가장 쾌적하고 좋은 날씨를 택하여 정원이나 경치 좋은 야외에서 하는 파티로써 정원에서 하는 비교적 규모가 큰 티파티의 하나이다. 영국의 날씨는 믿을 수 없다고 소문나 있음에도 불구하고 가든파티는 거의 관습처럼 베풀어지는데, 영국 황실의 버킹검 궁정 뜰에서 베풀어지는 로얄 가든파티는 세계적으로 유명한 것이다. 그러나 부드럽게 깔린 넓고 푸른 잔디밭과 아름다운 정원을 갖추고 있는 장소이면 어떤 것이든 가든파티를 행할 수 있다.

  가든파티는 정원에서 하는 비교적 규모가 큰 티 파티의 하나이다. 일년 중 날씨가 쾌청하고 청명한 날을 골라 정원에서 베푼다고 하여 가든파티라고 하는데, 정원의 경치가 가장 훌륭한 계절에 주로 한다. 파티는 테니스나 크로켓 등의 스포츠도 함께 즐기는 소형 연회에서부터 오케스트라를 동원한 무도회에 이르기까지 목적에 따라 규모가 크게 달라진다. 그러나 보통 가든파티라 하면 수백 명에 달하는 사람을 초청, 각종 여흥을 즐기며 이에 필요한 기물이나 요리들을 정원으로 옮겨 음료 카운터를 만들어 접대하는 사교적 행사를 말한다. 여흥으로는 야외연극, 야외발레 등의 문화적인 행사와 테니스, 크로켓 등의 스포츠 행사, 그리고 바자회 등이 있을 수 있다.

  가든파티는 다른 형식의 옥외 파티와는 달리 평상복이 아니라 정장차림으로 참석해야 할 모임이다. 음식은 한입 크기로 준비하고, 맛좋은 품목으로 훌륭한 접시 위에 예쁘게 담아내도록 한다. 가든파티는 보통 오후에 열리므로 관습적으로는 차(Tea)와 함께 싱싱한 레몬이나 오렌지 스쿼시를 음료로 준비한다. 그러나 '음료' 항목에 알코올이 함유되지 않은 차가운 음료도 포함시켜서 서브할 수 있다. 식탁이나 의자를 준비하지 않으므로, 파티는 스탠딩 뷔페에 해당되고 식단은 '뷔페'에 준하여 낸다.

《5월 20일, 육군사관학교 '06년 생도의 날 가든파티》

< 가요제 >

< 가든파티 >

　　지난 20일, 생도의 날 축제의 마지막 행사인 가든파티를 마지막으로 '06년 생도의 날 축제가 성황리에 종료되었습니다. 생도의 날 축제는 육사 개교 60주년을 기념하여 지난 5월 1일부터 4일까지 승화대 점화식, 체육대회, 추억 만들기 등을 실시했으며, 19일에는 생도 가요제 및 초청공연, 20일에는 가든파티를 개최하여 모든 행사가 종료되었습니다.

　　19일(금) 오후 6시부터 시작된 생도 가요제는 생도들의 열정적인 공연과 초청공연(안성시립 남사당 '바우덕이 풍물단', 성악가 소프라노 유희정)으로 꾸며졌습니다. 또한, 생도의 날 축제의 하이라이트이자 피날레인 가든파티는 20일(토) 오후 5시부터 개최되었으며, 중대별 이벤트 및 댄스, 행운상 추첨, 연대 통합 댄스 등으로 진행되었습니다. 이날 봄 내음이 가득한 화랑대에서 생도들은 바쁜 일상을 잠시 벗어나 영원히 간직될 아름다운 추억을 만들었습니다.

(http://www.kmaaa.or.kr)

6) 티파티

일반적으로 블랙타임(Black Time)[2]에 간단하게 개최되는 것을 티파티라 한다. 칵테일파티와 마찬가지로 입식형식으로 커피나 홍차를 겸한 음료와 과일, 샌드위치, 쿠키 등을 곁들여 낸다. 보통 회의 시, 좌담회, 발표회 등에서 많이 하는 파티이다. 티파티는 가벼운 마음으로 손님을 초대할 때 제격이다. 요즘은 일반 가정에서도 집들이나 동창모임, 이웃과의 친교를 위해 종종 다과회를 열곤 한다. 준비가 간단한 만큼 비공식적인 손님초대에 활용해 볼 만하다. 티파티는 보통 거실에서 베푼다. 거실 탁자에 테이블보를 깔고 양쪽 끝에 큰 쟁반을 놓는다. 한쪽에는 끓인 물이 든 주전자, 차 봉지, 크림, 설탕, 레몬 등을 놓고, 다른 한쪽에는 커피도구를 늘어놓는다. 테이블 위에 찻잔과 다과를 적당히 배열한다. 작은 접시, 냅킨, 포크 등은 사람 수에 맞춰 가장자리에 단정히 늘어놓는다. 테이블이 좁으면 보고 탁자를 마련해 다과를 올려놓아도 된다. 티파티에 내는 음식은 쿠키, 케이크 등 맛이 달콤한 것이 대부분이다. 단음식을 싫어하는 사람을 위해 샌드위치를 준비하면 센스가 돋보인다.

---

2) 화면이 나오지 않는 텔레비전 스크린을 의미한다. 여기서는 짧고 중요하지 않은 시간을 의미.

《에어카 항공사에서 티파티에 초대합니다》

전현직 승무원, 방송사PD, 헤드헌터사 대표 등 참석하십니다.

와인과 다과를 즐기면서 함께 승무원을 꿈꾸는 분들과 그 꿈을 이루도록 도와주시는 분들이 한자리에 모여 얘기를 나누는 소셜 라이징기회를 만들기 위해 아래와 같이 티파티를 개최합니다.

일   시 : 4월 26일(수) 오후 7시

장   소 : 에어카사 성남 단대오거리역 강의실

참석자 : - 에어카사 1, 2기 수강생

            - 에어카사 스터디그룹

            - 에어카사 국내외 컨설턴트

            - 항공사 전, 현직 승무원

            - 관광학과 교수님

            - Corepeople, 헤드헌팅사 대표

            - 힘찬여행사 대표

            - KBS 방송PD

            - MBC 아카데미 차장

이 날 티파티는 초대로 이루어집니다. 참석을 원하시면 전화로 예약을 해주시기 바랍니다. 방송사와 항공 승무원 중 택일 하지 못하시는 분들을 위해 방송관계자 분들도 초대했습니다. 오셔서 속 시원히 질문하고 답 얻어 가시기 바랍니다. 영어 레벨테스트를 원하시면 예약 시 미리 말씀해 주세요. 티파티 시작 이전 레벨테스트와 이미지 점검해 드립니다. 에어카사의 공간이 아주 아늑한 관계로 참석 원하시면 일찍 연락주셔야 됩니다. 후보를 위해 참석이 힘드신 분은 예약취소를 적어도 하루 전에는 해주세요. 공공의 이익을 생각하셔서, 배려정신을 보여주세요~ 티파티 참가비는 없습니다. 티파티에 익숙해지신 다음은 정식 파티로 나갑니다! 기대하세요~~ 세계로 나가는 날도 머지않았습니다!

테이블&푸드스타일링

7) 창립기념파티

창립기념파티는 회사의 이미지 상승과 PR, 회사발전을 위해 열심히 일해 온 사원과 그 가족에 대한 감사와 지금보다 더 깊은 결속력의 도모, 그리고 마지막으로 고객과 거래처에 대한 감사와 계속적인 성원이다.

《SM엔터테인먼트 창립10주년 파티 인터뷰》

[질문] 한류스타 보아와 최고의 아이돌 그룹 동방신기가 소속돼 있는 SM엔터테인먼트가 10주년을 맞았습니다. 이것을 기념하는 행사가 어제 열렸는데요, SM엔터테인먼트 10주년 행사, 간략히 어떻게 진행됐는지 소개해주시죠.

[답변] 어제 오후 서울 청담동 리베라호텔에서, SM엔터테인먼트 창립 10주년 기념 비전 선포식이 있었습니다. 이곳에는 강타, 동방신기, 슈퍼주니어, 틴틴파이브 등 SM엔터테인먼트 소속 가수들이 대거 참석했는데요, SM소속 가수 1세대이자, 지금은 주주가 된 강타씨의 모습도 보이고요, SM엔터테인먼트의 야심작인 그룹 슈퍼주니어 등 말씀드린대로 여러 가수들의 모습을 볼 수가 있었고요. 이밖에 유열, 이문세, LPG 등도 참석해 자리를 더욱 빛냈습니다. SM엔터테인먼트를 보아, 동방신기 등이 소속된 가수 기획사로만 아셨던 분들은, 손지창-오연수 부부가 얼마 전 SM에 새 둥지를 틀었다는 보도가 나왔을 때, 아마 조금 의아해 하셨을지도 모르겠는데요, 처음에는 가수들의 연예 기획사에서 출발했을지 몰라도, 이제 SM은 탤런트, 배우, 개그맨까지 아우르는 종합 엔터테인먼트 그룹으로 거듭난 것이죠.

[질문] 지금까지 SM의 현재를, 그리고 지나간 과거 10년을 얘기해봤는데, 앞으로 SM의 향후 10년의 모습은 어떨까요?

[답변] 지난 '96년에 설립된 SM은 그동안 매출액 2백억 원대의 회사로 성장했는데요. 지금까지가 'SM KOREA'였다면, 앞으로는 아시아 지역을 총괄하는 'SM 아시아'를 하나씩 설립해 나가면서, 아시아 최고의 토털 엔터테인먼트 그룹으로 거듭나겠다고 포부를 밝혔습니다.

현재 세계 음악시장은 미국과 일본이 각각 1, 2위를 차지하고 있지만, 머지않아 중국이 1위로 부상할 것이라고 보고, 중국을 중심으로 아시아 시장 공략에 나서고 있습니다. HOT, 보아 수출에 이어, 동방신기 중국인 멤버 선발, 그룹 슈퍼주니어의 중국인 멤버 한경은 우리 손으로 키운 중국스타인데요, '아시아 최고의 스타가 곧 세계 최고의 스타가 된다'는 SM의 믿음이, 우리 한류의 지속세 유지와 발전에 큰 원동력이 되길 바랍니다.

(http://www.ytnstar.co.kr)

8) 신년·송년파티

한해를 감사하며 역시 돌아오는 신년에도 행운을 비는 친목행사이다.

《홍콩 상공회의소의 신년파티》

우리나라의 국민들은 참 열심히들 일하는 것 같습니다. 특히나 외국과 거래하는 회사들은 물론이요, 외국에 거주하는 우리나라 상공인들도 각 나라에서 나름대로 열심히들 일하고 있었습니다. 당연히 우리나라와 교역이 많은 것이 사실이고, 또한 우리나라 수출에 이들이 많이 도움이 되는 것을 보았습니다. 오늘은 제가 살던 홍콩의 상공인 신년회 파티에 참석하여 작년에 수고한 위로도 할 겸 신년의 다짐도 하는 그런 모습들을 한 번 보시겠습니다.

우리나라 단체의 파티는 모두들 참석해 보셨을 테고요, 외국에 사시는 우리나라 교민들은 어떻게 신년파티를 하는지 한 번 보아두시는 것도 좋지요. 홍콩에서는 이런 단체는 주로 망년회는 안하고 대신 신년회들을 많이 하더군요. 그럼 다같이 한 번 보실까요?

먼저 작년의 업적이 기대 이상으로 좋았다는 회장님의 발언과 함께 1부는 식사, 2부는 교민 성악가 및 가수 이안과 함께, 3부는 행운권 추첨의 순으로 진행된다고 하네요.

바로 1부의 식사시간이 되었습니다. 메뉴를 보니 엄청나게 많은 음식이 준비되어 있었습니다. 홍콩의 연말연시에는 많은 사람들이 파티를 즐기는 기회가 많아서 음식 이야기가 많이 나오는 것 같습니다.

첫 번째 메뉴는 돼지, 해파리, 닭 등의 입맛 돋구기 음식입니다.

두 번째 음식은 야채와 해물의 환상적인 만남입니다.

세 번째는 야채와 게맛살의 맛있는 궁합이네요.

네 번째 요리는 상어지느러미 수프입니다.(Shark's Fin Soup)

다섯 번째는 전복과 야채의 찜인데 맛이 좋네요. 중국음식은 반드시 차와 함께 먹는 것이 비만예방과 함께 제맛을 즐길 수 있다고 합니다.

여섯 번째 메뉴는 치킨을 구운 것인데, 기름이 적고 바삭거려서 아주 대인기라고 합니다. 저 요리방법을 우리나라에서도 발휘하면 잘 사먹을 것 같습니다. 크리스피 치킨을 달라고 하면 이 요리가 나옵니다.

7~8번째에는 복건식 볶음밥과 국수가 같이 나오는데, 둘 중에 하나를 골라 먹습니다.

마지막 코스는 정월에 먹는 팥죽의 순서인데 가장 맛있었습니다.

디저트로는 요렇게 아름다운 떡이 나왔습니다. 이렇게 해서 1부 식사 시간은 지나가고요.

곧이어 2부의 순서가 시작되었습니다. 교민 중에 성악 잘하시는 분들이 나오셔서 열창을 해주십니다. 감사합니다. 새해 복 많이 받으시고요. 가수 이안 씨께서 나오셔서 인사와 함께 노래를 불러주셨죠.

드디어 3부의 모두들 기다리는 행운권 추첨이 있는 시간인데요. 다들 한 장씩 가지고 있는 행운 번호를 손에 쥐고 행운을 기다리는 모습들이 진지합니다. 그런데 아니 이게 웬일일까요. 저희 테이블에서 제가 유일하게 행운을 차지했습니다. 올해에는 무언가 행운이 올 것 같이 기분이 좋았습니다. 홍콩에서는 모든 행사에는 반드시 이 행운권 추첨이 들어가는 것이 통례입니다.

이렇게 저렇게 해서 즐거운 홍콩 상공회의소 2006년 신년파티의 순서가 모두 끝났습니다.

상공회의소 회원 여러분, 올해 한해도 고국을 위하여 열심히 뛰어주시고 내년 이맘때는 더욱 뛰어난 업적을 가지고 파티를 열 것을 기원합니다. 우리나라의 내외에서 이렇게 다같이 힘을 합칠 때 우리나라가 더욱 잘 살 수 있을 것 같습니다.

여러분, 어디에 계시던 열심히 일합시다. 파이팅 국민 여러분, 파이팅 대-한 민국입니다.

(http://blog.daum.net/choihakjoon/6753967)

《이색송년파티 "남이섬 불바다축제"》

[행사 당일 서울↔남이섬 간 셔틀버스 운행안내]

1. 서울→남이섬
   강북지역: 광화문 사거리 세
   종문화회관 옆 스타벅스 앞
   오후3시
   강남지역: 잠실역 6번 출구
   앞 오후4시

2. 남이섬→서울
   남이섬 선착장 앞 새벽 1시
   10분
   ※ 운행요금: 편도 3,500원 /
   왕복 7,000원

[문의/연락처]
   남이섬호텔 예약부(Tel: 031-
   582-5118, Fax: 031-581-
   2187)
   남이섬 홍보담당 김희태/안
   애림(Tel: 031-581-2020,
   Fax: 031-581-2195)
   영하의 세모를 녹이는 이
   색 송년파티 - A Midwinter
   Night's Summer Dream

〈남이섬 불바다축제〉 안내

送冬迎夏!!! 겨울이여 가라, 여름이 다가온다!!

Good bye 2005, Welcome 2006 NEW YEAR FESTIVAL

12월 31일 저녁 6시30분부터 1월 1일 새벽 1시까지 열리는 새해맞이 송년축제-불길에 휩싸인 남이섬 잔디 들판에서 파티밴드와 클래식과 타악이 난무하는 이색 송년잔치가 펼쳐진다. '동토의 여름' 비치웨어 패션쇼?, 모닥불 퍼포먼스, NHK 다큐멘타리 〈실크로드의 악사들〉의 작곡가 류흥준과 북한 한라백두예술단 특별출연. 새벽 2시까지 선박 운항 예정. 영하의 들판에 당당히 서서 2005년의 다사다난을 불사르시라~! 2006년의 희망을 온몸으로 받아가시라!!! 커플이나 가족 누구나 참가할 수 있다. 참가비 5만원(1인), 식사+음료+남이섬 입장료+주차료+공연감상+퍼포먼스 참가+각종 이벤트 참가 포함.

남이섬이 또 이상한 일을 저지른다???

드라마 '겨울연가'의 성공으로 일약 한류관광의 중심지로 떠오른 남이섬, 하지만 남이섬엔 늘 자연과 어우러지는 이색 문화행사들이 끊이지 않았다. 남이섬 책나라축제, 세계청소년공연축제, 한일 메타세쿼이아 나무길 자매결연축제, 조롱박축제, 김치 담그는 날, 토끼생포 행사, 조약돌이야기, 폐품잔치—그러나 남이섬에서 벌어지는 행사는 언제나 신선한 충격을 주었다. 이 세상에 하나뿐이었기 때문. 지난해에 이어 올해 두 번째, 섣달 그믐날밤 영하의 남이섬 들판이 모닥불로 뒤덮힌다. 주식회사남이섬 강우현 대표(52) 부임 이래 줄곧 이상한 행사만 해왔다는 남이섬, 남이섬은 그래서 낭만과 아이디어가 넘치는 동화나라라고 하는 걸까? 실크로드의 류흥준, 퓨전 재즈밴드, 그믐밤의 색소폰, 카타의 타악, 에브리 댄싱—6시간 동안 릴레이식으로 이어지는 노래와 춤과 밴드, 그리고 어느 해 보다도 다사다난했던 2005년의 모든 아픔과 고난을 녹이는 뜨거운 불길들—새롭고 신나는 새해맞이가 절실한 이들을 위한 남이섬 축제에 많은 이들의 열정을 기다린다. 새벽 2시까지 선박 운항, 새해 아침 떡국은 집에서 가족과 함께~ 묵은 해를 보내고 2006년 1월 1일을 알리는 감동적인 퍼포먼스가 끝나면 귀가할 수 있다. 선박이 새벽 2시까지 운행되기 때문. 대형 텐트가 있으니 모닥불 곁에서 그대로 밤을 지새울 수도 있다. 새해맞이 오붓한 소망의 시간을 한껏 누리며—그러나 만일 남이섬 숙박시설을 이용하려면 미리 신청해야 한다. (전화 031-582-5118 남이섬호텔) 참가비 5만원, 먹고 마시고 공연관람과 모든 퍼포먼스 참가—행사 참가자는 별도로 주차비나 남이섬 입장료를 내지 않아도 된다. 맨몸으로 참가하면 뜨거운 불길에 휩싸인 남이섬에서 식사와 음료, 모든 공연과 행사참가가 가능하다.

(http://www.namifestival.org)

9) 와인파티

  이제 누구나 즐길 수 있는 건강을 생각하는 음주문화에 사교문화까지 가미되어 가고 있는 것이다. 보통 큰 행사가 아닌 가까운 사람들과 갖는 와인파티는 각자 또는 커플로 와인 한 병씩을 준비해온다. 그리고 초청자는 안주와 간단한 요리만 준비하면 된다. 모듬 치즈나, 샐러드, 약간의 고기류 등을 준비하고, 모듬 치즈로써는 까망베르, 브리, 에멘탈, 크림치즈, 블루치즈 등을 먹기 좋게 잘라 과일이나 아이스크림 등과 같이 준비하는 것이 좋다. 샐러드 역시 약간의 블루치즈나 그라다파다노 같은 치즈를 같이 섞어 먹으면 맛이 좋다.

《인터넷 동호회 - 알럽댄스 5월 Welcome 와인 파티》

::::::Detail::::::
1. 참가자격 : 알럽댄스 회원 & 친구 분들이면 누구나 참여 가능
2. 행사소개 : 알럽댄스 새내기 분들 환영식과 더불어 4월 & 5월에 생일을 맞으신 가족
   분들의 생일파티&와인파티가 있어요. 알럽댄스 가족분들을 위한 파티이므로 기존 가
   족들&새내기분들과 어울려 와인과 함께 댄스를 즐겨 보세요~*··*
3. Dress Code : 반바지나 트레이닝복은 삼가주세요.
4. 행사 일정 - 일정 : 5월 6일 토요일 pm 7시부터 입장
   - 파티 장소: 홍대 D스튜디오 (아래약도 참조)
   - 회비 : 1만원 (와인&다과 무한제공)
5. 문의&연락처 : 알럽댄스에 처음 오시는 분들도 대환영이예요. 찾아오시는 길을 잘 모
   르시거나 파티참여 안내는 아래 담당연락처로 문자나 연락을 주세요~*··*
6. 새내기 담당 : 리나 016-9797-7603
                돌고래 011-9898-5796

::::::파티 장소 약도::::::

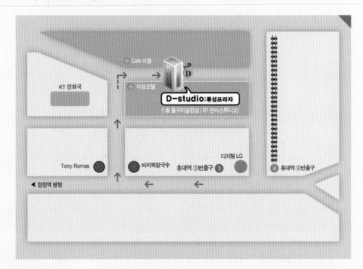

(http://cafe.daum.net/ilovedancepartner)

10) 리셉션

리셉션이란, 원래 공직자나 외교관이 공식적으로 베푸는 칵테일파티를 뜻하는 말이었다. 오늘날엔 특정한 사람이나 중요사건을 축하·기념하기 위해 열리는 공식모음의 총칭이 되었다. 리셉션에는 주빈이 있게 마련이다. 주빈과 파티를 주최한 사람은 연회장 입구에 한 줄로 늘어서서 손님을 맞는데, 이를 리셉션 라인 또는 리시빙 라인이라 한다. 리시빙 라인 앞쪽에는 안내인이 있어 손님을 호스트에게 안내하게 되어 있으니, 손님은 안내인에게 자신의 직책과 이름을 분명히 알려주어야 한다.

≪ "The Memory of Nam June Paik : Memorabilia" ≫

안녕하세요, 생활 속의 활기찬 쉼표 파티즌 닷컴입니다!!

국내 최고의 파티컨설팅기업 파티즌 닷컴에서는 오는 5월 10일 수요일, 故 백남준 추모 전시회 및 심포지엄(백남준과의 대화) 행사와 함께 경기도지사님과 귀빈 300여 명이 참석 하는 Reception Party를 진행합니다.

TV조각, 위성작품, 로봇 장치들, 레이저 작품, 그리고 음극 튜브를 이용하여 합성된 이미지들이 끊임없이 펼쳐지도록 하는 거대한 멀티비전 비디오 작품들은 故 백남준의 명성을 뒷받침해주고 있습니다.

한국 출신의 세계적인 미디어 작가 故 백남준의 예술세계를 직접 느끼실 수 있습니다.

- 파티명 : "The Memory of Nam June Paik : Memorabilia"
- 날짜 : 2006년 05월 10일 수요일
- 시간 : 14:00~20:00
- 장소 : 국립고궁박물관 특별전시실
- 드레스코드 : FREE

(http://www.partizen.com)

11) 기타 파티 사례

《2006년 월드컵 응원 파티》

파티와 월드컵이 만났다!!

파티즌과 함께 하는

2006 월드컵 응원~

한국 축구 파이팅!!

파티명 : "Reds Go Party"

날 짜 : 2006년 06월 13일 화요일

시 간 : 19:00~2:00

장 소 : 삼성동 뷔셀

DRESS CODE : Extreme Red

- Tattoo & Face Painting

- Photo Zone

- Hit the Score

- Rock Band 공연

- 치어리더 응원전

- 꼭짓점 Dance

(http://www.patrizen.com)

《영화 홍보 파티》

- 파티명 : "백만장자 현빈이 초
  대하는 러브파티"
- 날짜 : 2006년 02월 03일(금)
- 시간 : 18:00~22:00
- 장소 : 삼성동 뷔셀
- DRESS CODE : FREE

청년필름이 주최하고 파티즌이
주관하며 G마켓이 후원하는 백만
장자 현빈이 초대하는 러브파티에
는 백만장자의 첫사랑 예고편, 뮤
직비디오가 상영되며, 현빈, 이연
희와의 만남, 동방신기의 축하공연
등 다양한 이벤트가 준비되어 있
습니다.

백만장자의 첫사랑. 그 화려한 이야기가 이번 파티에서부터 시작됩니다.

(http://www.partizen.com)

미국 시트콤들을 보면 젊은 뉴요커들이 끊임없이 파티를 즐기는 장면들이 등
장한다. 활발한 사교파티를 통해 인간관계의 폭을 넓히는 친목도모의 목적부터
비즈니스의 성패를 좌우하는 중요한 수단까지, 그러한 비즈니스 파티의 종류나
목적도 굉장히 다양하다. 파티와 비즈니스가 결합하여 비즈니스를 목적으로 파
티를 주최하기도 하고 파티에 참석하기도 하는 것이다. 이러한 파티문화에 우리
나라도 빠져들기 시작했다. 과거 생소하게만 느껴졌던 파티가 최근 폭넓은 연령
층을 대상으로 우후죽순 늘어나면서 이제 파티는 하나의 문화코드로 보편화되
는 분위기다. 조사를 하면서 한 기업에서 '비즈니스 파티 기획 전문가 정규과정'
강좌를 개설하여 수강생을 모집하는 광고를 접하였다. 시대의 트렌드에 따라 파

티를 주 업무로 하는 업체들이 등장하면서 비즈니스 차원까지 발전했으며 파티 플래너, 파티오거나이저 등 신종직업들도 생겨난 것이다. 독특한 컨셉을 지닌 각양각색의 파티와 그에 따르는 드레스코드에 부응하기 위한 고민이 많아지면서 쇼핑관련 인터넷 업체들은 파티를 위한 별도의 의상 및 액세서리를 제안하는 코너들을 개설했으며 실속파들을 위하여 렌탈 서비스까지 제공하고 있다.

　　무더운 여름날 시원함을 강조한 테이블세팅이 좋다. 블루계열을 사용하여 테이블 자체를 바다 속으로 연출하고자 산호, 조개, 소라 등의 장식품을 사용하여 표현하였다. 아쿠아의 신비한 느낌을 주기 위해 푸른 조명과 굵은 소금을 염색하여 사용하였다. 접시위의 냅킨을 깔끔하게 접어 심플한 스타일을 더욱 강조하였다.

베이비샤워파티란 만삭인 산모를 위해 친구들이 열어주는 파티로 친구들의 우정이 비처럼 쏟아진다라는 의미이다. 인디핑크, 체리핑크 등 전반적으로 핑크계열을 사용하여 부드럽고 사랑스러운 느낌으로 연출하였다. 4단 스탠드를 이용하여 달콤한 쿠키와 케이크를 담고 테이블 전체에 입체감을 주었다.

하우스웨딩파티

하우스웨딩파티란 결혼식 후 피로연 대신 집의 정원이나 야외에서 한 번 더 축하를 하는 것을 의미한다. 레이스와 핑크톤으로 사랑스러움을 한층 더 강조하였다. 결혼한 두사람의 순결한 마음과 티없이 깨끗한 결혼생활을 의미하는 하얀비둘기를 소품으로 사용하였다. 행복한 연인들의 사진과 웨딩케이크를 더해서 주인공들의 파티를 더욱더 강조할 수 있다.

스텐딩 맥주파티

　지친 일상 속 스트레스를 날려줄 맥주파티로 조금 어둡고 강한 톤을 사용하였다. 자칫하면 심심하고 무거울 수 있는 분위기를 귀여운 팻말이나 하이네겐 캔을 화분으로 활용하여 귀여운 느낌을 주었다. 소시지요리와 나초피자를 준비하여 맥주파티의 완성도를 높인다.

로맨틱 피로연파티

결혼시즌을 맞이하여 사랑에 빠진 로맨틱 신부를 상상해 본다. 로맨틱 신부를 위해 피로연 테이블을 셋팅한다. 테이블 셋팅은 사랑스럽고 달콤한 파스텔 컬러를 살려 전체적인 이미지를 연출했다. 센터피스로는 생기있고 사랑이 넘치는 신부에게 전해줄 로맨틱한 부케를 연상시키는 플라워장식으로 사랑스러움을 더했다. 메뉴로는 피로연에 어울리는 가볍게 즐길 수 있는 카나페와 신선한 과일꼬치, 달콤한 무스카토와인과 어울리는 생크림을 얹은 키쉬로 트랜디한 애프터티를 연출했다.

참고 문헌

김경미 외, Coor & Food Styling, 교문사, 2006.

김경애 외, 플라워&테이블디자인, 교문사, 2007.

김수인, 푸드 코디네이트 개론, 한국외식정보, 2004.

김진숙 외, 테이블코디네이트, 백산출판사, 2008.

김진환, 색채의 원리, 시공아트, 2004.

남호정 외, 기초 디자인, 안그라픽스, 2003.

박영순 외, 색재와 디자인, 교문사, 1998.

박춘란, 식공간 연출, 백산출판사, 2006.

식공간연구회, 테이블코디네이트, 교문사, 2008.

우석진 외, 컬러리스트, 영진닷컴, 2005.

유관호, 디지털 색채론, 세진사, 2001.

윤복자, 테이블 세팅 디자인, 다섯수레, 1996.

이연숙, 실내디자인 양식사, 연세대학교출판부, 1998.

이유주, 푸드컬러와 디자인, 경춘사, 2005.

정현숙 외, 푸드 비즈니즈와 푸드 코디네이터, 수학사, 2007.

조후종 외, 통과의례와 우리 음식, 한림출판사, 2002.

황규선, 테이블 디자인, 교문사, 2007.

황재선, 푸드스타일링&테이블 테커레이션, 교문사, 2007.

황지희 외, 푸드 코디네이터학, 도서출판 효일, 2002.

■ 저자 소개

이순희

성덕대학 바이오실용과학계열 교수
(사)한국푸드 코디네이터 대구협회 경북지회장
(사)서라벌협회 고운꽃중앙회 회장
산업인력관리공단 국가고시화예장식사·기사·심사위원
향토식문화대전 테이블셋팅부분 심사위원
푸드&테이블웨어대전 심사위원

김덕희

대구보건대학 호텔외식조리계열 교수
영양사·조리기능장
조리기능사·조리산업기사·조리기능장 감독위원
대한민국 조리명장 심사위원
저서 : 전통혼례음식(광문각) / 떡·한과·음청류(백산)
　　　 전통한국음식(형설) / 한국음식의 맛(백산)
　　　 식생활과 영양(지구) / 조리원리(신광)
　　　 한국음식메뉴용례(훈민사) / 조리기능사실기(형설)
　　　 조리산업기사실기(백산) / 조리기능장실기(백산) 외 다수

테이블&푸드스타일링

2010년　3월　3일　초판 인쇄
2010년　3월　8일　초판 발행

저　자　이 순 희 · 김 덕 희
발행인　(寅製) 진 욱 상

발행처　📖 백산출판사

서울시 성북구 정릉3동 653-40
등록 : 1974. 1. 9. 제 1-72호
전화 : 914-1621, 917-6240
FAX : 912-4438
http://www.ibaeksan.kr
edit@ibaeksan.kr
biz@ibaeksan.kr

값 20,000원
ISBN 978-89-6183-277-9